"十二五"普通高等教育本科国家级规划教材

机械制图习题集

（第3版）

非机类

杨惠英　冯　涓　王玉坤　主编

清华大学出版社

北京

内 容 简 介

本习题集与清华大学杨惠英、冯涓、王玉坤主编的《机械制图（非机类）（第3版）》教材配套使用，其编排顺序与教材相同。

习题集的内容包括字体与线型；点、直线、平面的投影及其相对位置；体的投影；体表面的交线（截交线、相贯线）；组合体的画图及读图；机件图样的画法；尺寸标注；轴测图；螺纹及螺纹紧固件；机械常用件及标准件；零件图；零件的技术要求；装配图；尺规作图与徒手绘图；用AutoCAD软件绘制平面图以及用SolidWorks软件构造三维模型等。部分章节编有一定量的复习提高题（题号前冠有"＊"号）并在习题集后附有答案。

本习题集可作为高等工科院校48～64学时非机类各专业机械制图课程的教材，也可用于继续教育同类专业的教材及自学参考。

版权所有，侵权必究。举报：010-62782989，beiqinquan@tup.tsinghua.edu.cn。

图书在版编目（CIP）数据

机械制图习题集：非机类/杨惠英，冯涓，王玉坤主编. —3版. —北京：清华大学出版社，2015（2023.10重印）
ISBN 978-7-302-39344-3

Ⅰ．①机… Ⅱ．①杨… ②冯… ③王… Ⅲ．①机械制图—高等学校—习题集 Ⅳ．①TH126-44

中国版本图书馆CIP数据核字（2015）第024971号

责任编辑：杨 倩
封面设计：傅瑞学
责任校对：赵丽敏
责任印制：曹婉颖

出版发行：清华大学出版社
网　　址：http://www.tup.com.cn，http://www.wqbook.com
地　　址：北京清华大学学研大厦A座　　　　邮　编：100084
社 总 机：010-83470000　　　　　　　　　　邮　购：010-62786544
投稿与读者服务：010-62776969，c-service@tup.tsinghua.edu.cn
质量反馈：010-62772015，zhiliang@tup.tsinghua.edu.cn
印 装 者：涿州汇美亿浓印刷有限公司
经　　销：全国新华书店
开　　本：260mm×185mm　　印　张：8.5　　字　数：102千字
版　　次：2002年7月第1版　2015年7月第3版　印　次：2023年10月第18次印刷
定　　价：25.00元

产品编号：059099-02

前　言

本习题集与杨惠英、冯涓、王玉坤主编的《机械制图(非机类)(第3版)》教材配套使用，其编排顺序与教材相同。在使用过程中教师可视具体情况作适当调整。

本习题集有以下特点：

1. 习题的编排力求符合学生的认识规律，由浅入深，前后衔接，逐步提高。

2. 习题的数量和难度方面有较大的选择余地，既可满足针对不同学时不同学生的教学需要，又便于发挥学生的潜能和因才施教。

3. 考虑到学生复习、巩固、提高、自测的需要，大部分章节编有一定量的复习提高题(题号前冠有"＊")，并在习题集后附有该部分习题的参考答案。

4. 题目形式多样，有部分一题多解的习题和选择题、改错题、综合练习题等。利于激发学生的学习兴趣，更好地培养综合运用所学知识的能力和创造性思维能力。

为了全面培养学生的绘图技能，除习题中提供的徒手绘图习题外，建议选择部分其他习题徒手画或以尺规画底稿、徒手加深。同时还可选择其他习题作为计算机绘图的练习题，例如用AutoCAD绘制零件图和用SolidWorks软件由三视图构造立体模型等。

本习题集的第1~9章由杨惠英编写，第10~12章由王玉坤编写，第13~15章由冯涓、杨惠英编写。

与本习题集配套，清华大学出版社同时出版习题的三维模型图和参考答案(PPT文件)，供使用本教材的教师和自学者选用。

在编写过程中，参阅了许多兄弟院校的同类习题集(恕不再一一列出)，在此表示衷心感谢。

由于编者水平有限，书中不足及错误在所难免，敬请读者批评指正。

编　者

2015年1月于北京清华园

目 录

1 制图的基本知识 ………………………………………………………………………… 1
2 点、直线、平面的投影 …………………………………………………………………… 5
3 基本体的投影 …………………………………………………………………………… 15
4 平面与立体相交 ………………………………………………………………………… 19
5 立体与立体相交 ………………………………………………………………………… 29
6 组合体 …………………………………………………………………………………… 37
7 机件图样的画法 ………………………………………………………………………… 51
8 轴测图 …………………………………………………………………………………… 77
9 尺寸标注基础 …………………………………………………………………………… 81
10 螺纹紧固件及常用件 …………………………………………………………………… 89
11 零件图 …………………………………………………………………………………… 94
12 装配图 …………………………………………………………………………………… 102
13 尺规作图与徒手绘图 …………………………………………………………………… 115
14 AutoCAD 绘制平面图形 ………………………………………………………………… 117
15 SolidWorks 构造三维模型 ……………………………………………………………… 121
带"*"习题的参考答案 …………………………………………………………………… 123

1 制图的基本知识

1-1 练习书写下列汉字(仿宋体)。

机械制图姓名审核材料数量比例零件名称螺栓钉母垫圈
键销齿轮轴承弹簧阀填料密封标准套筒盖技术要求箱体

| 班级 | | 姓名 | | 学号 | | 审阅 | |

1-2 练习书写下列B型斜体大写字母与数字。

7号字

ABCDEFGHIJKLMNOPQRSTUVWXYZ Φ
0123456789

5号字

ABCDEFGHIJKLMNOPQRSTUVWXYZ Φ 0123456789

3.5号字

ABCDEFGHIJKLMNOPQRSTUVWXYZ Φ 0123456789

| 班 级 | | 姓 名 | | 学 号 | | 审 阅 | |

1-3 练习书写下列B型斜体小写字母与数字。

10号字

abcdefghijklmnopqrstuvwxyz φ

7号字

abcdefghijklmnopqrstuvwxyz φ

5号字

abcdefghijklmnopqrstuvwxyz φ

3.5号字

abcdefghijklmnopqrstuvwxyz φ

| 班级 | | 姓名 | | 学号 | | 审阅 | |

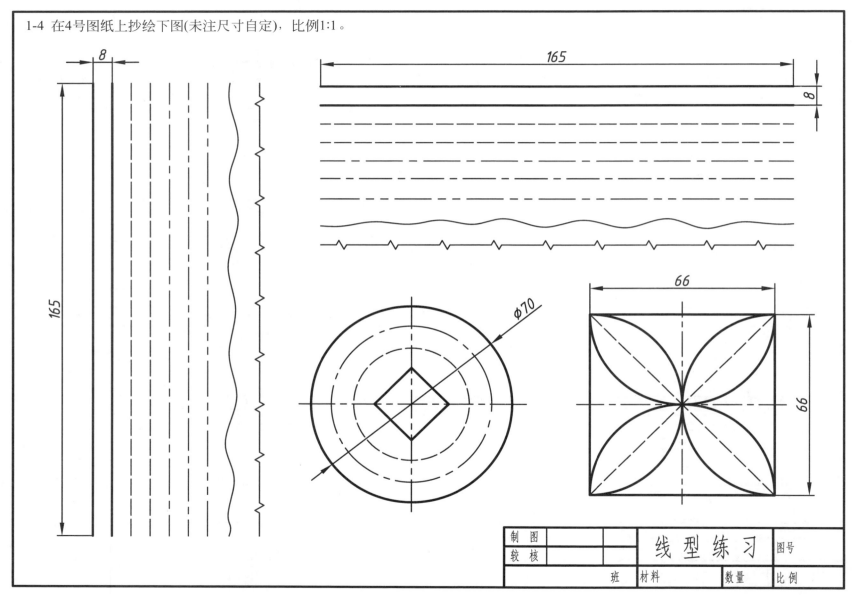

2 点、直线、平面的投影

2-1 求各点的未知投影。

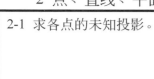

2-2 已知点B距点A15；点C与点A是对V面的重影点；点D在点A的正下方15。求各点的三面投影。

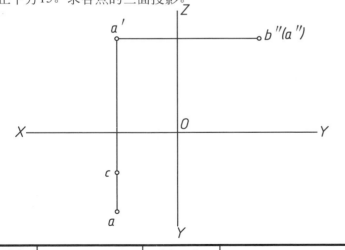

2-3 已知点$A(25,15,20)$；点B距W、V、H面分别为20、10、15；点C在点A之左10、之前15、之上12；点D在点A之上5，与H、V面等距，距W面12。求作各点的三面投影并填写下表。

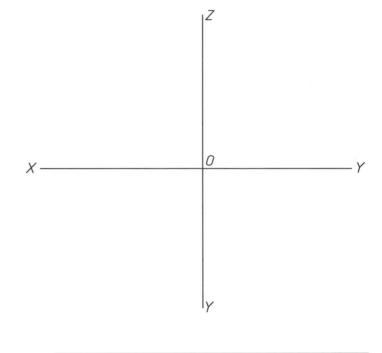

点＼坐标	X	Y	Z
B			
C			
D			

班级		姓名		学号		审阅	

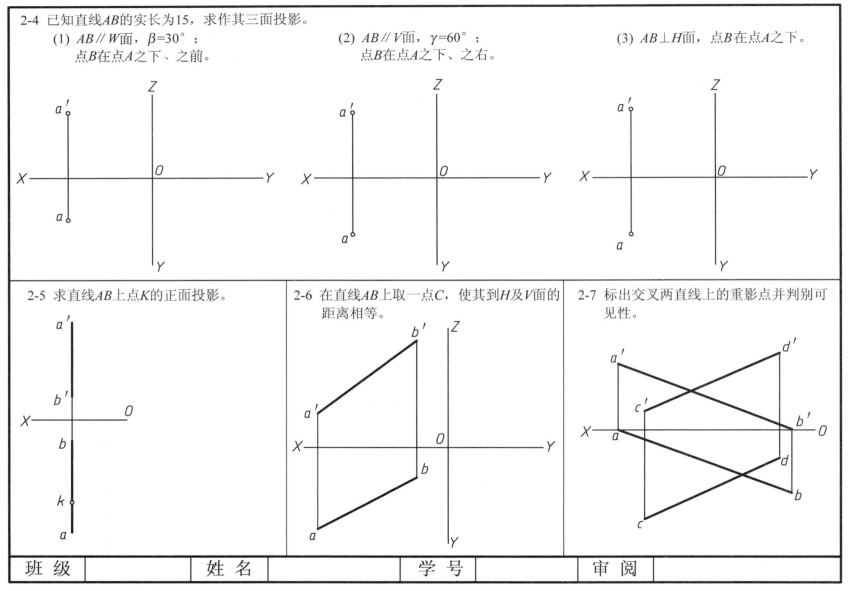

2-8 判断两直线的相对位置（平行、相交、交叉），并将答案填写在下面的括号内。

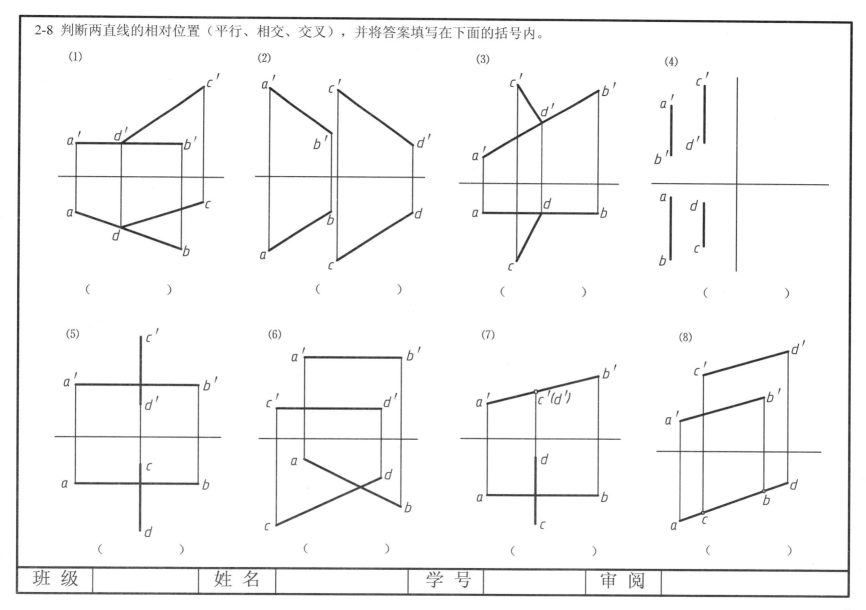

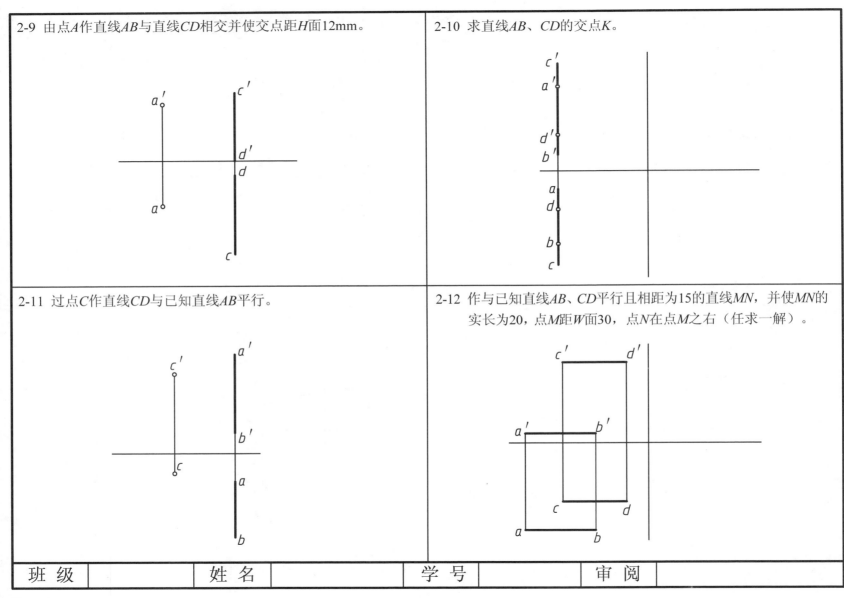

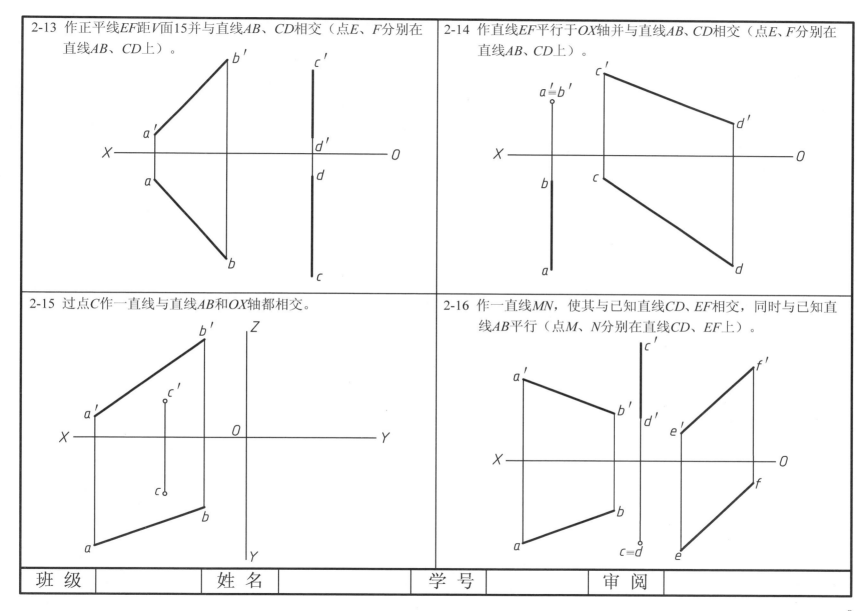

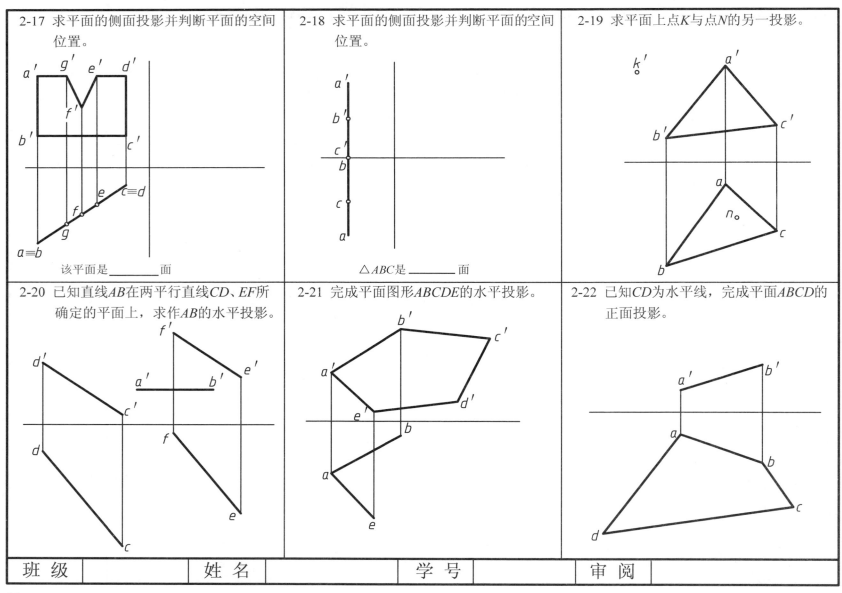

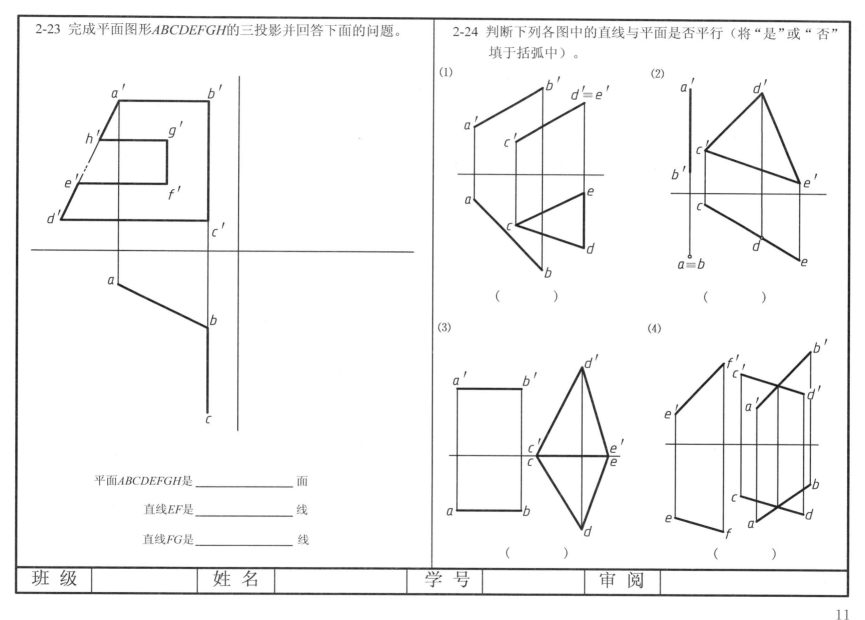

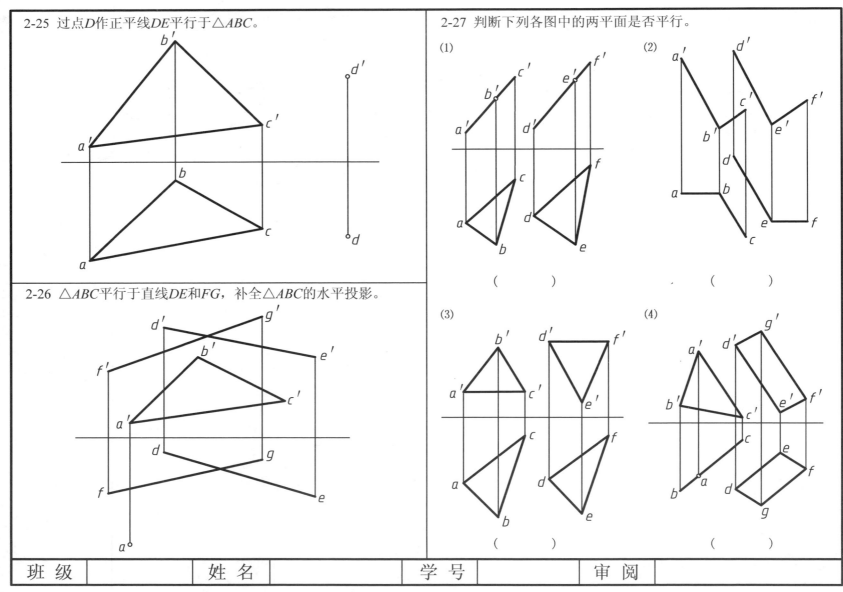

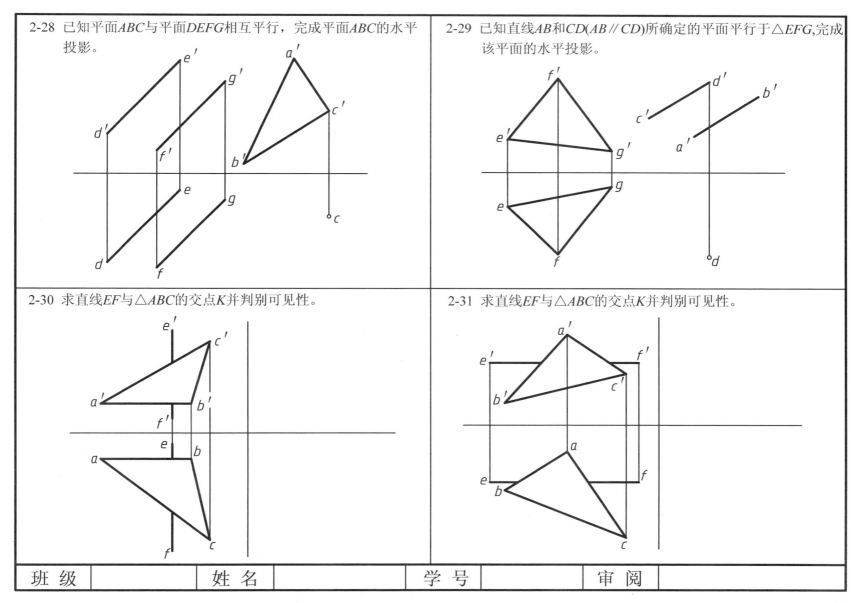

2-32 过点A作直线AB与直线CD平行并与△EFG相交,求出交点K并判别可见性。

2-33 过点A作正平线AM与△BCD平行并与△EFG相交,求出交点K并判别可见性。

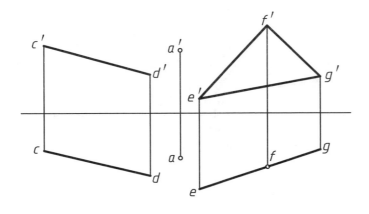
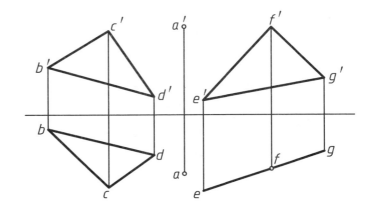

2-34 求平面ABC和平面DEF的交线MN并判别可见性。

2-35 求平面ABCD和平面EFG的交线MN并判别可见性。

2-36 求平面DEFH和平面ABC的交线MN并判别可见性。

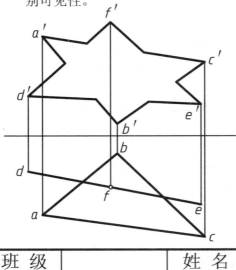
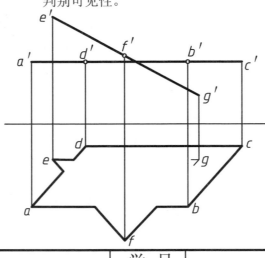
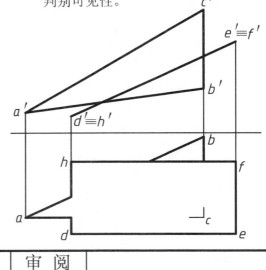

| 班 级 | | 姓 名 | | 学 号 | | 审 阅 | |

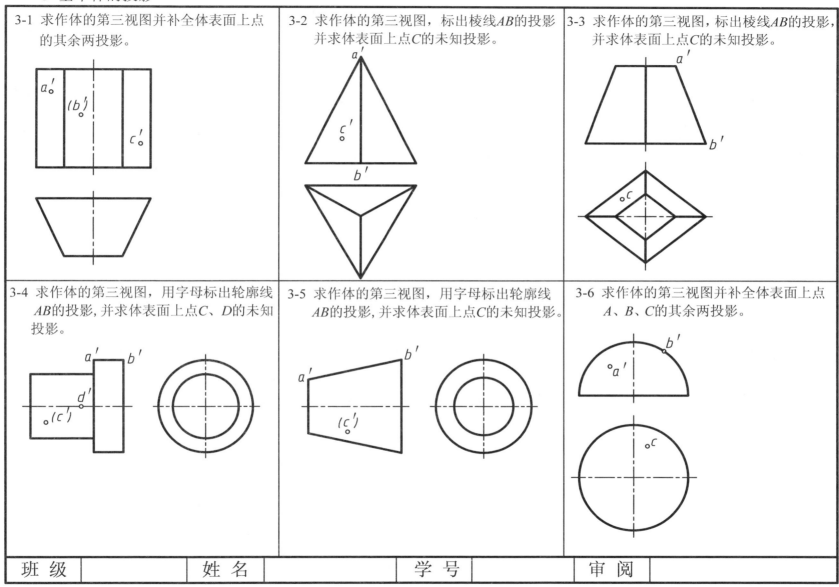

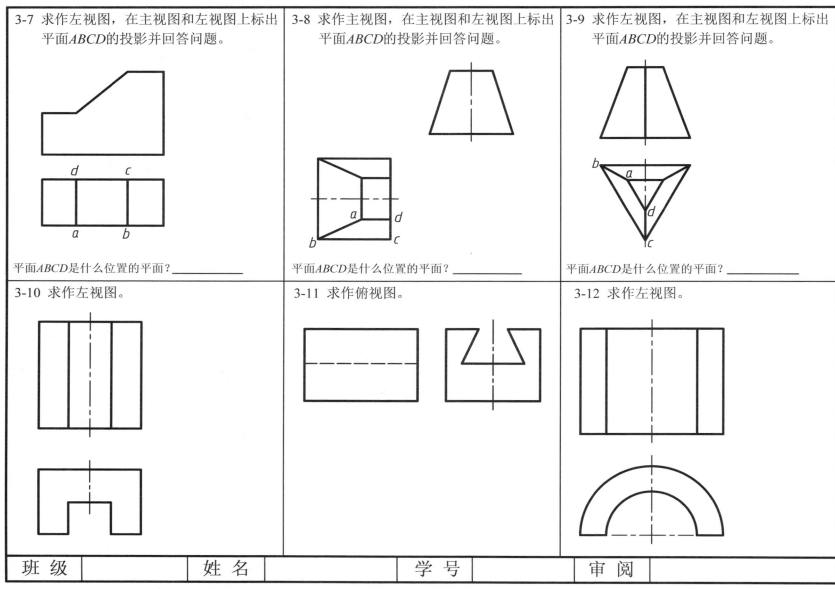

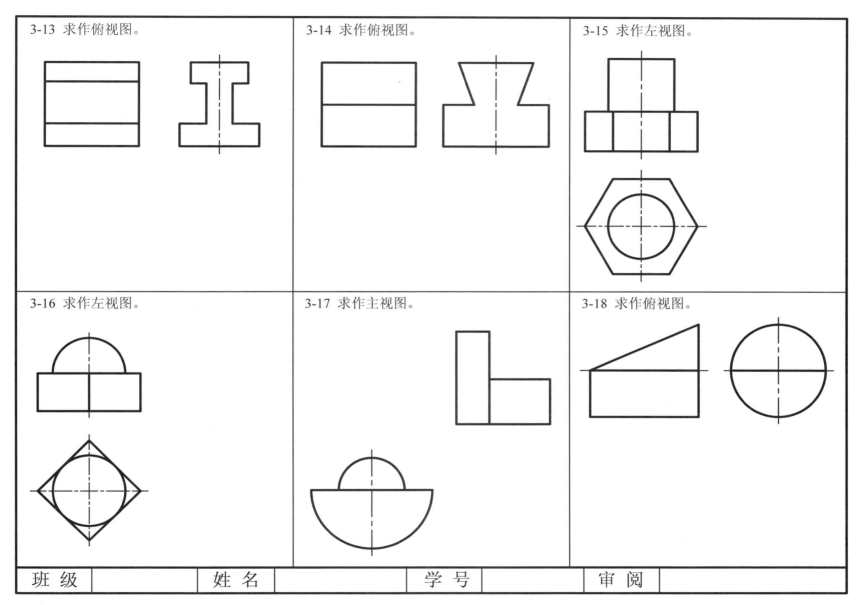

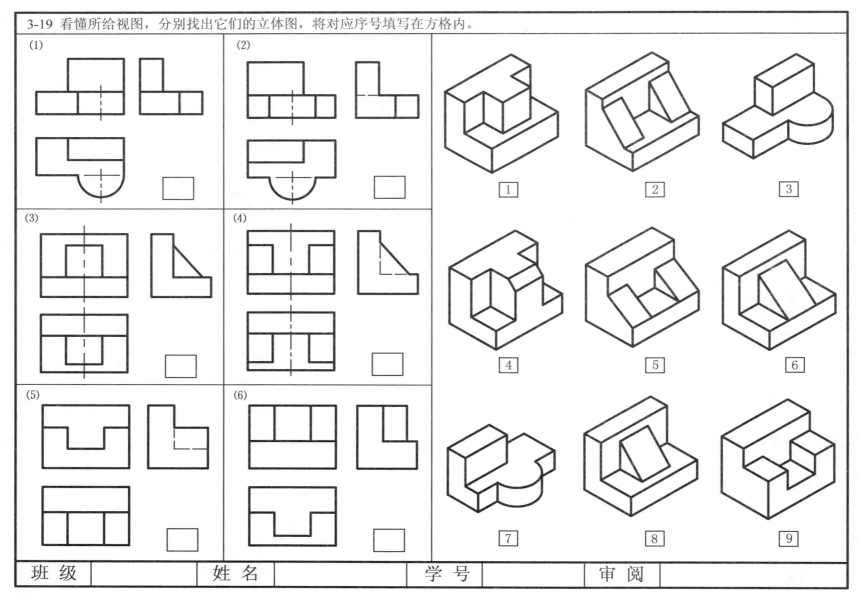

4 平面与立体相交

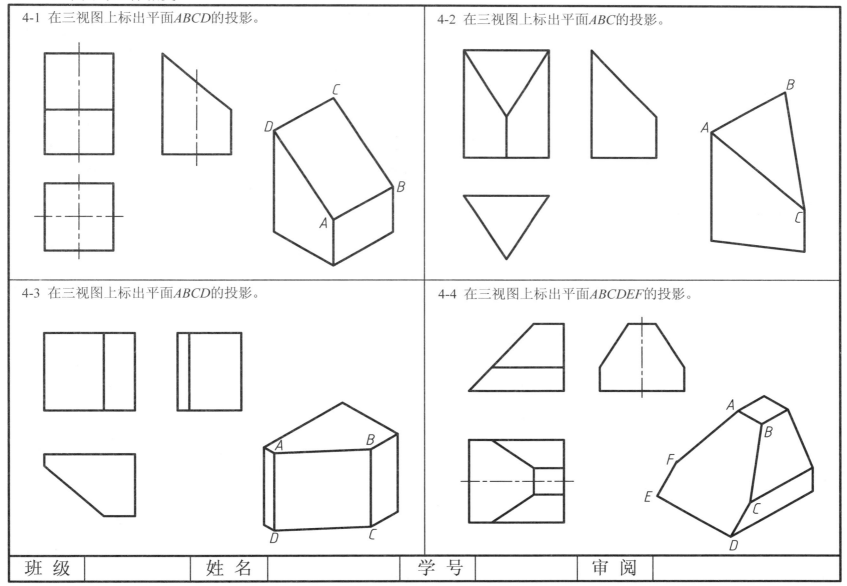

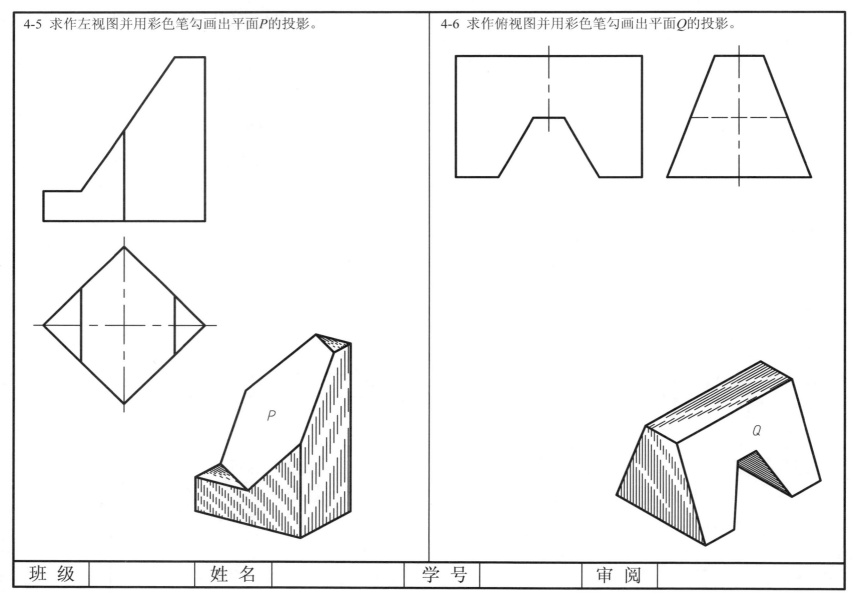

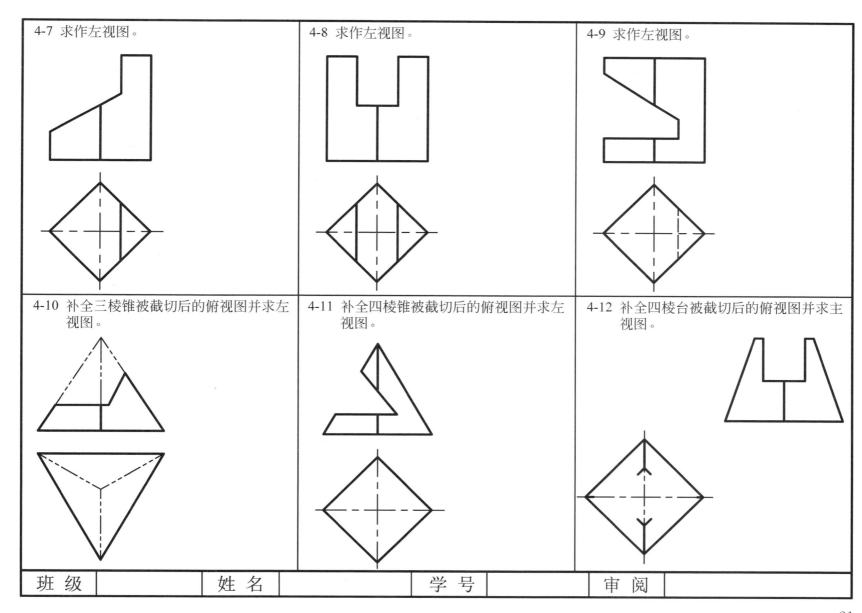

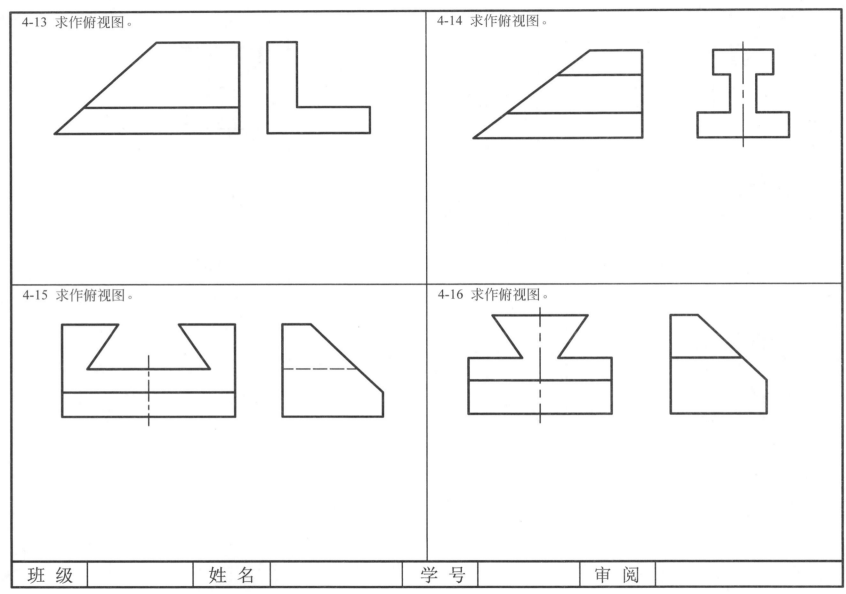

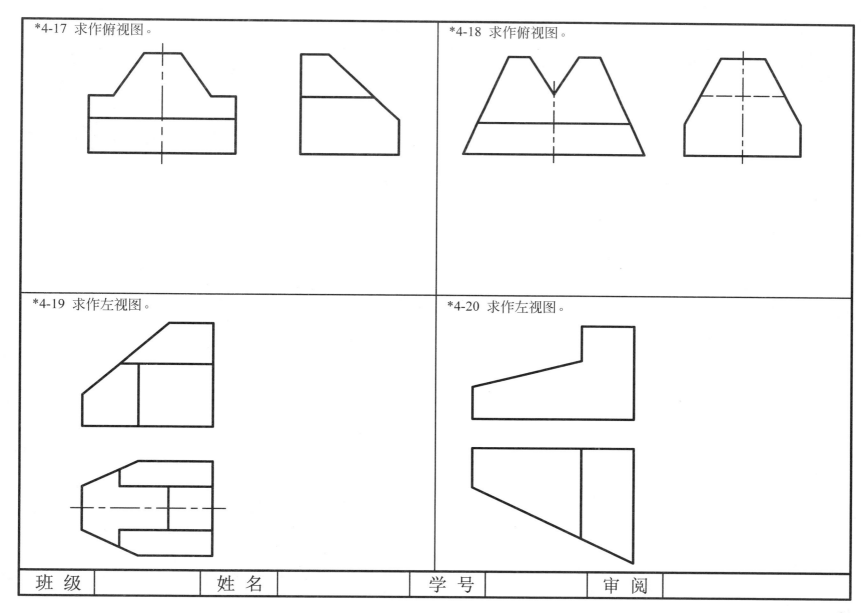

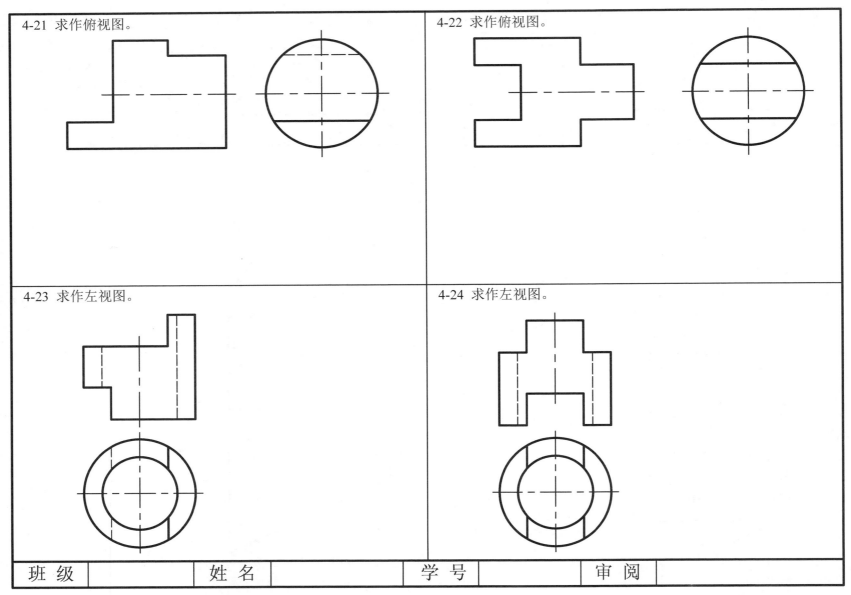

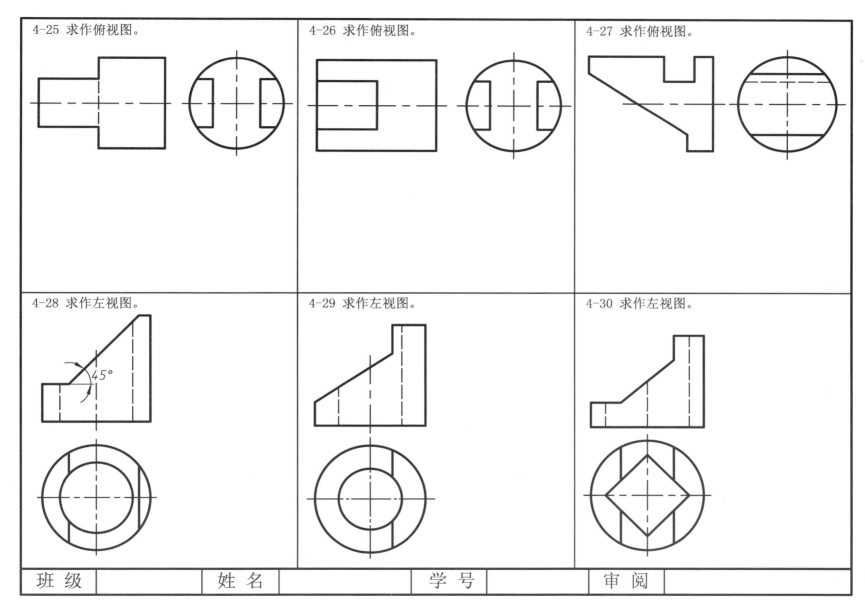

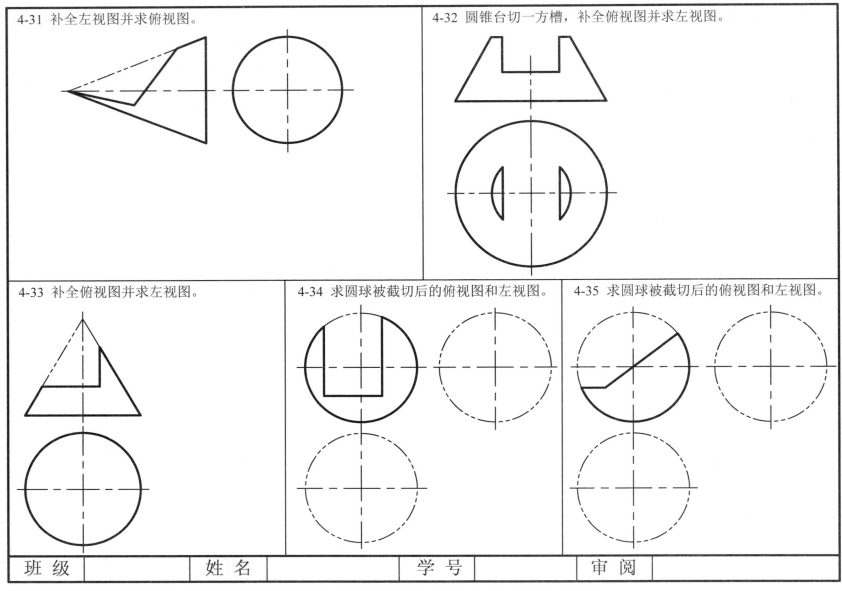

4-36 已知主视图和俯视图，选择正确的左视图。

正确的左视图是 _____

4-37 已知主视图和俯视图，选择正确的左视图。

正确的左视图是 _____

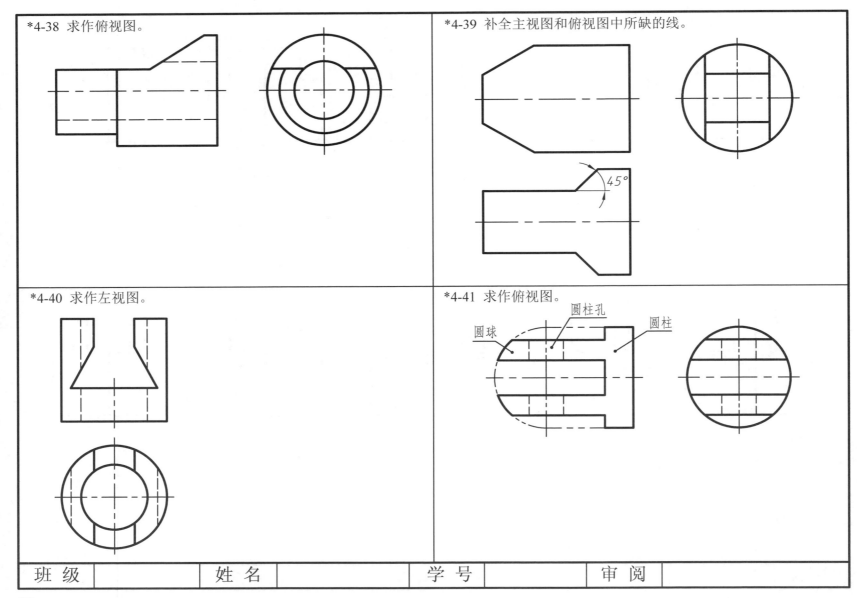

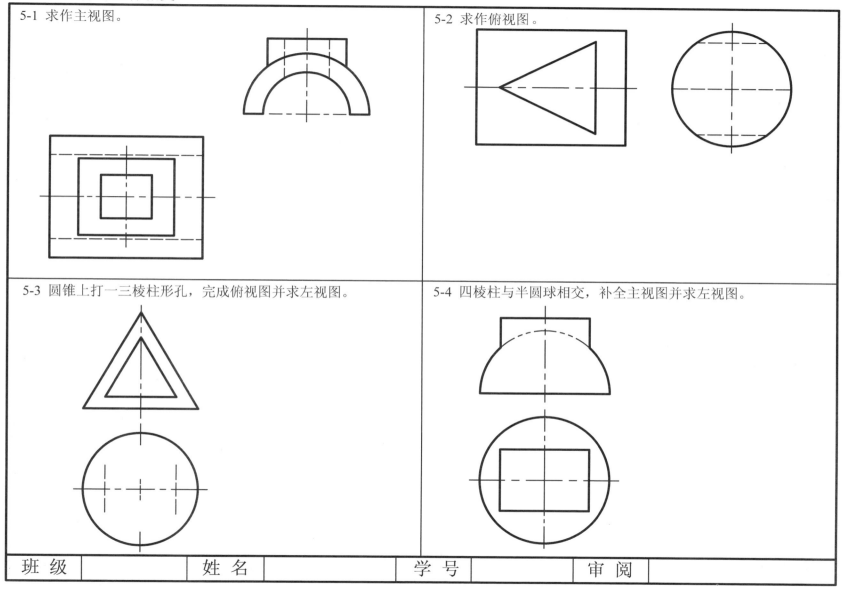

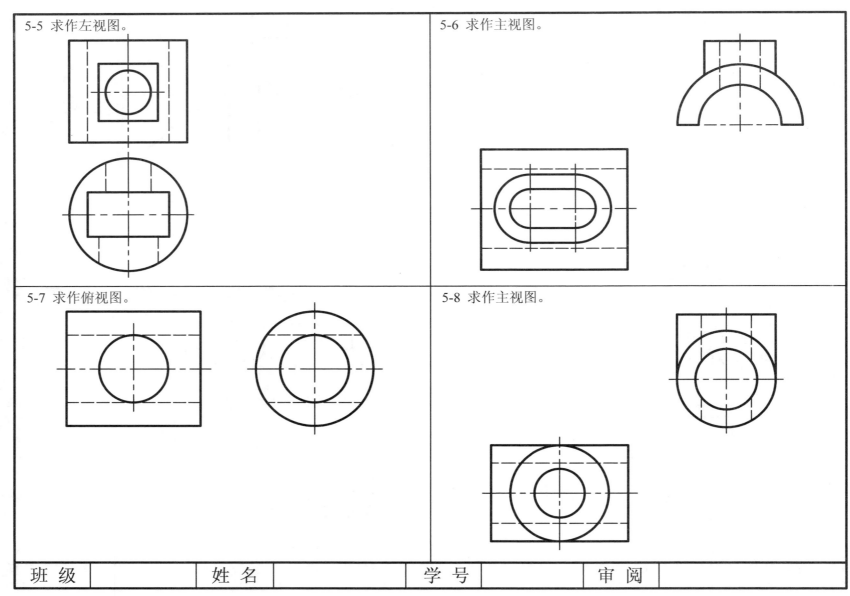

5-9 已知主视图和俯视图，选择正确的左视图。

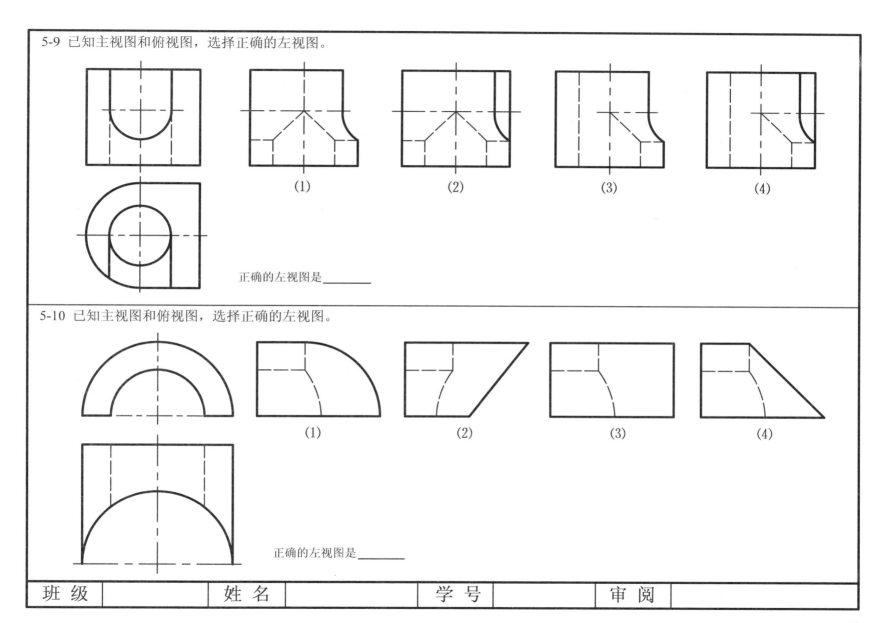

正确的左视图是_____

5-10 已知主视图和俯视图，选择正确的左视图。

正确的左视图是_____

| 班 级 | | 姓 名 | | 学 号 | | 审 阅 | |

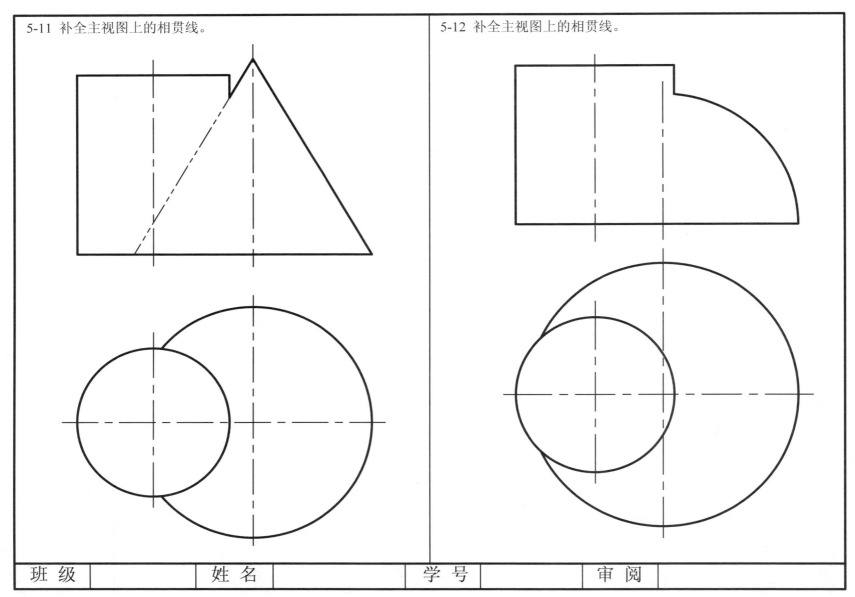

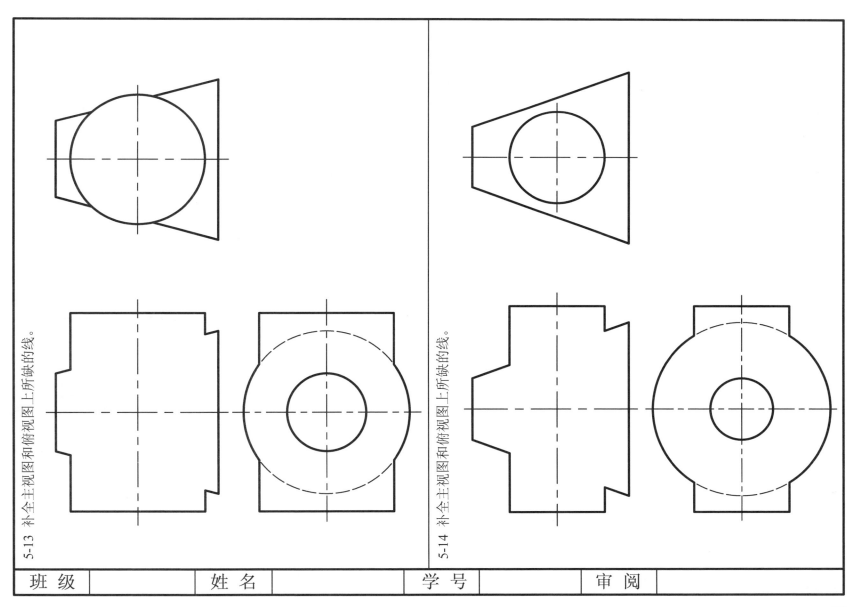

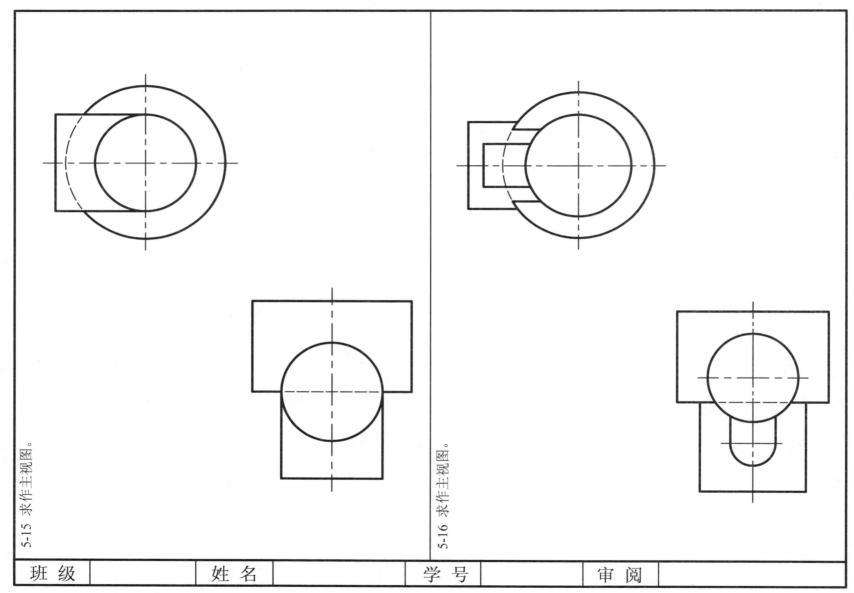

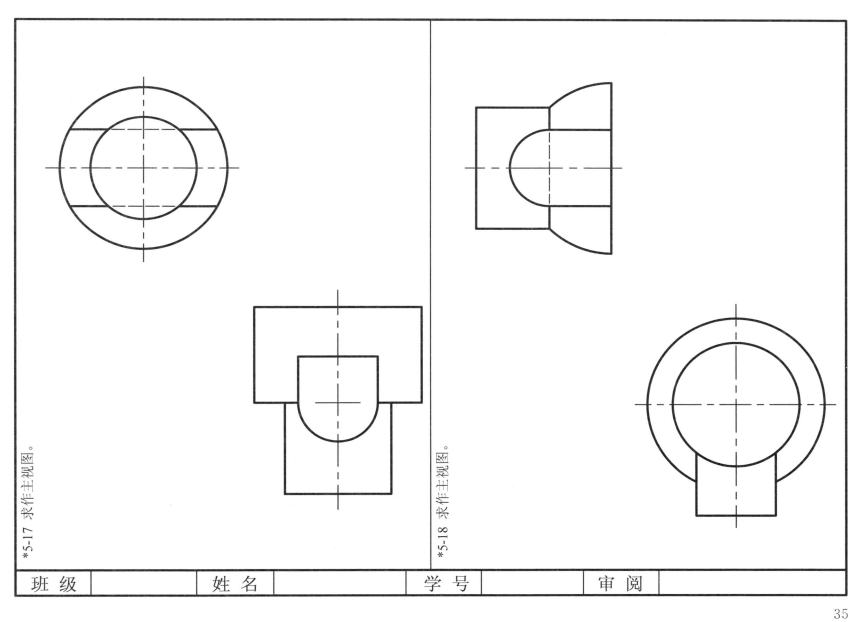

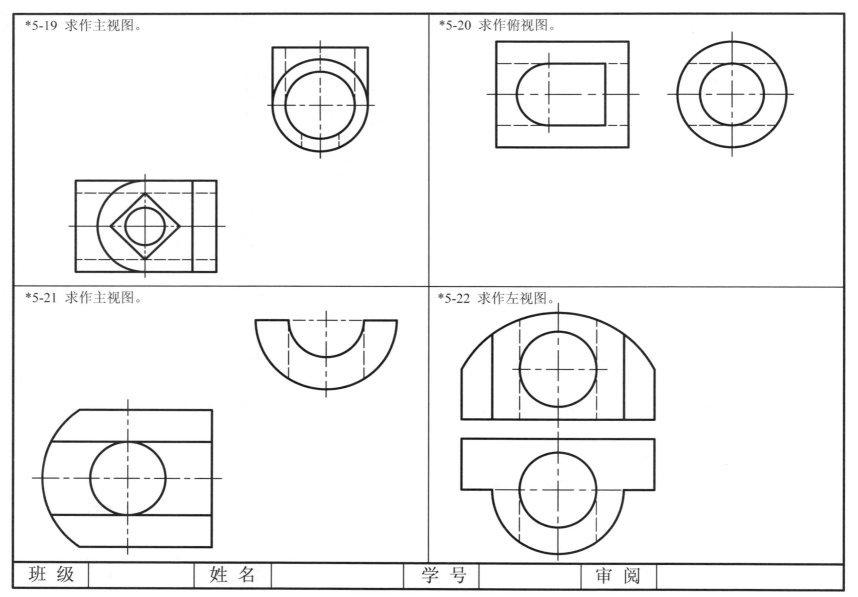

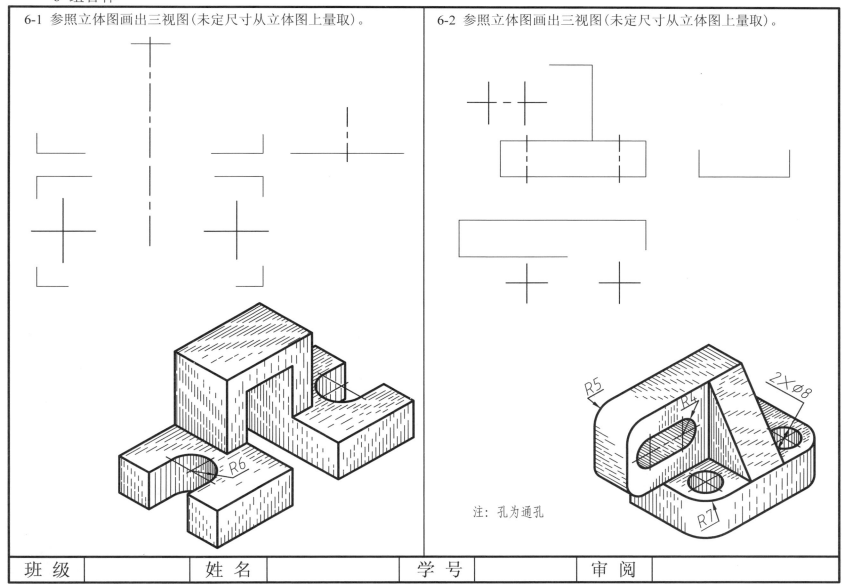

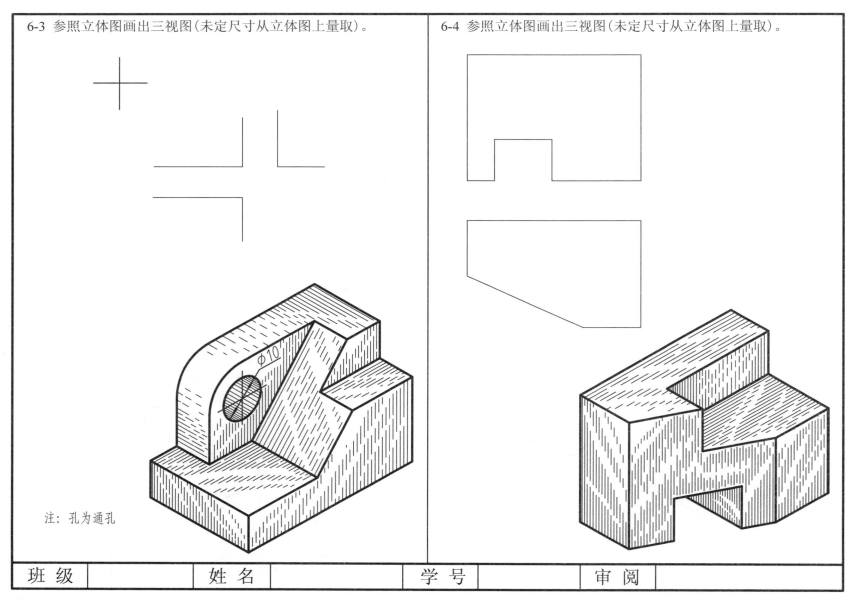

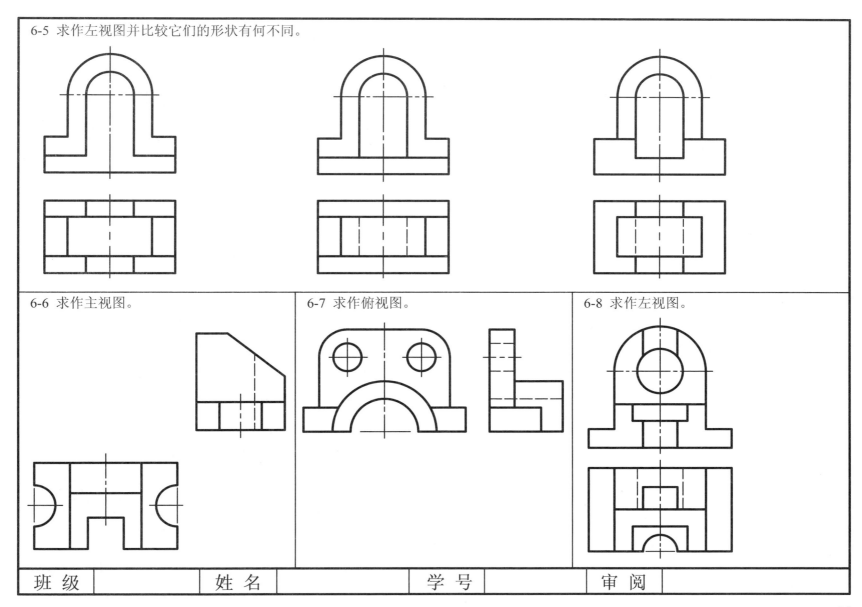

6-9 分析形状的变化，补全主视图上所缺的线。

(1) (2) (3) (4)

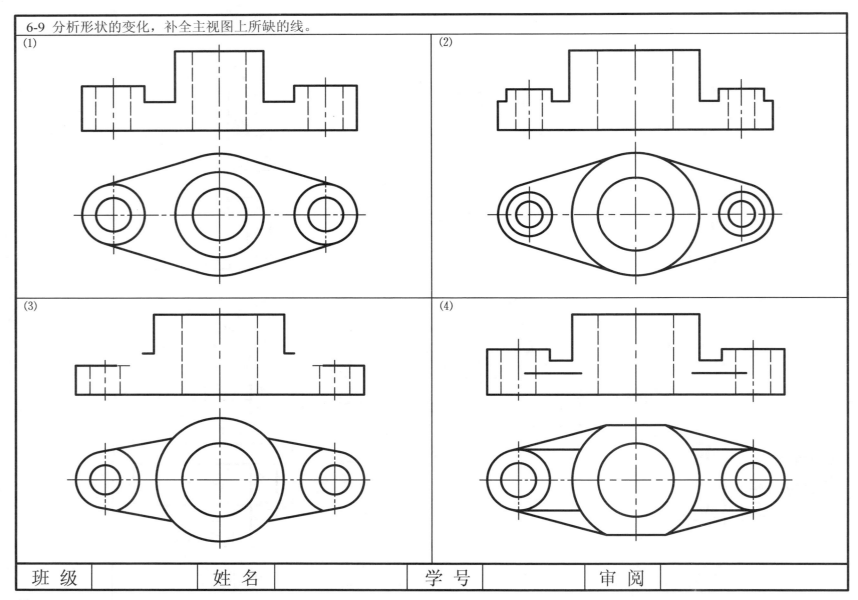

| 班　级 | 姓　名 | 学　号 | 审　阅 |

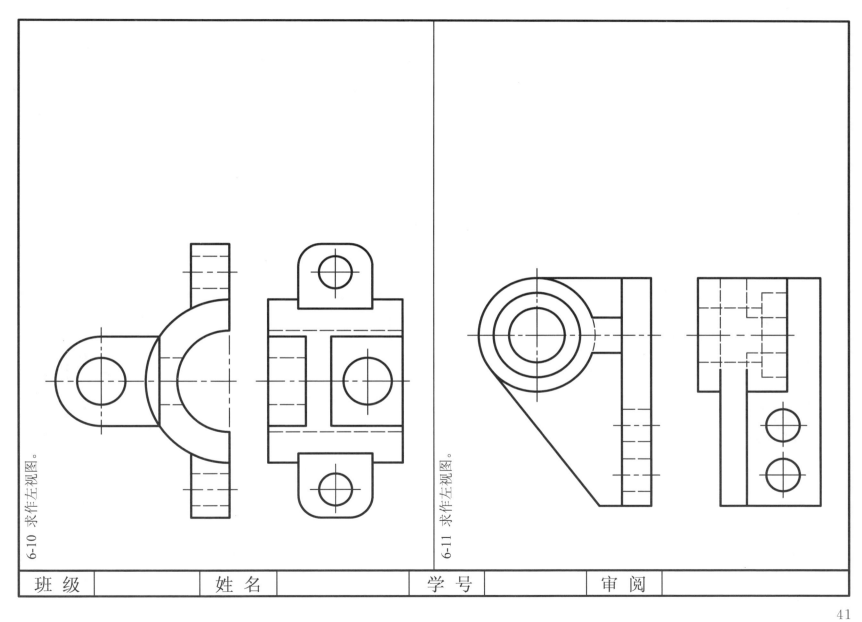

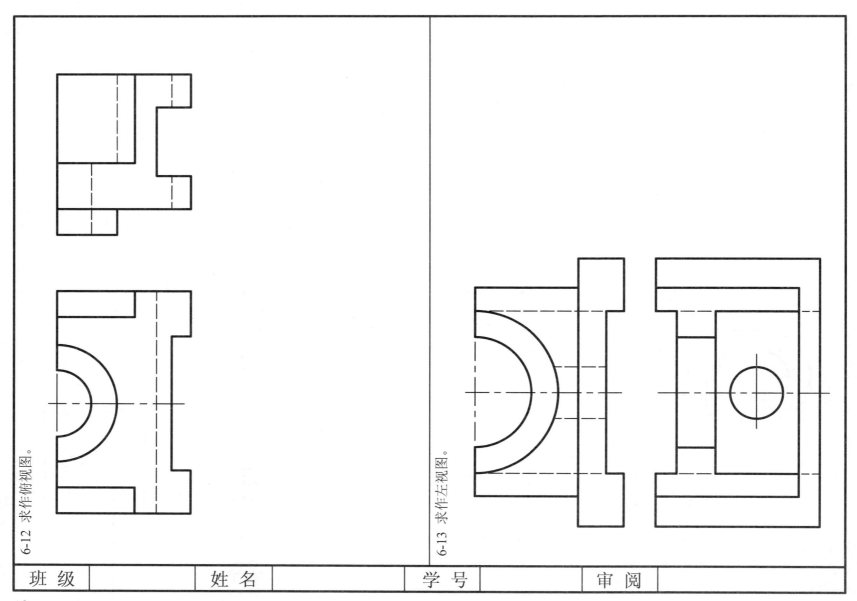

6-12 求作俯视图。

6-13 求作左视图。

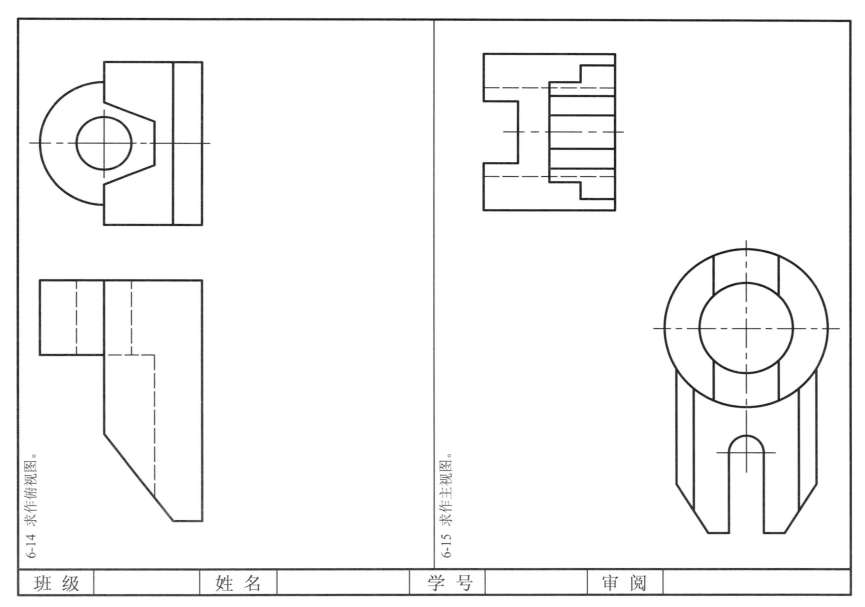

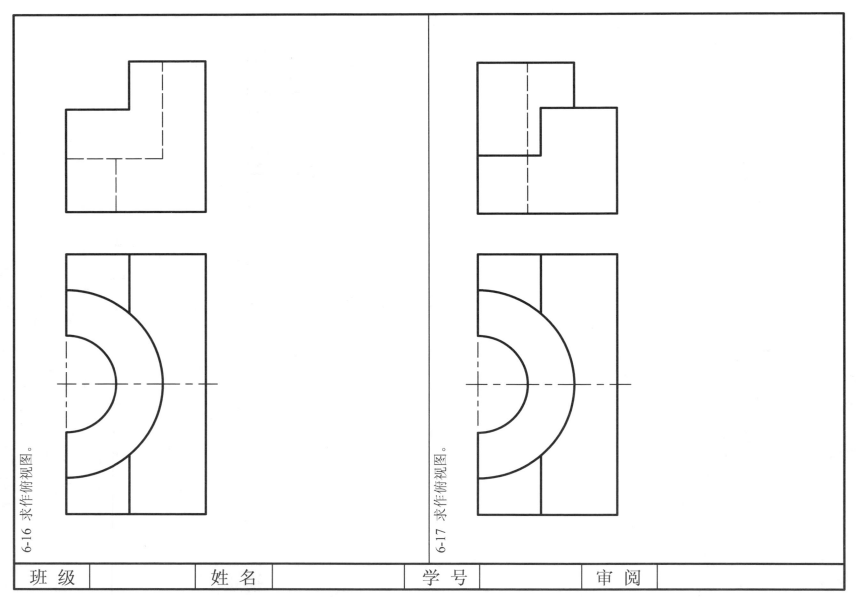

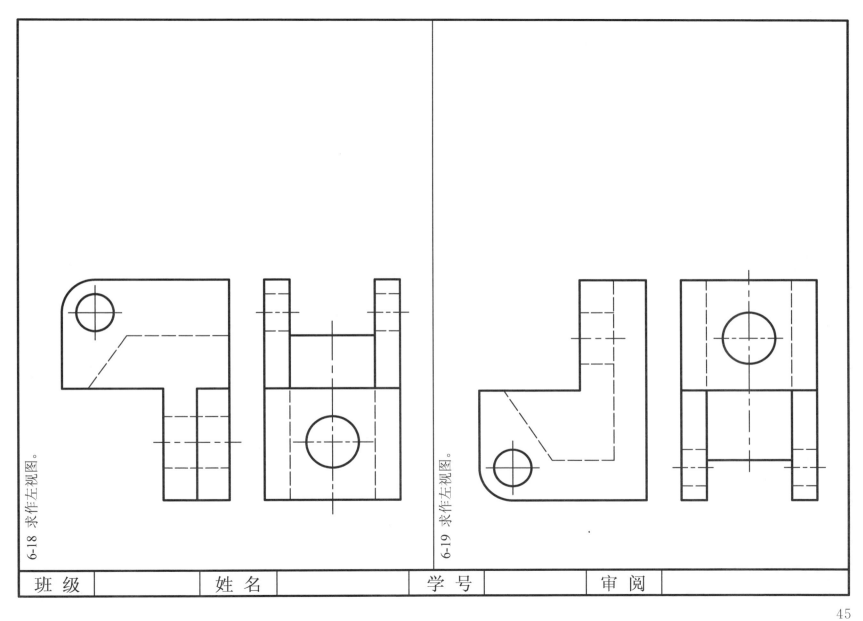

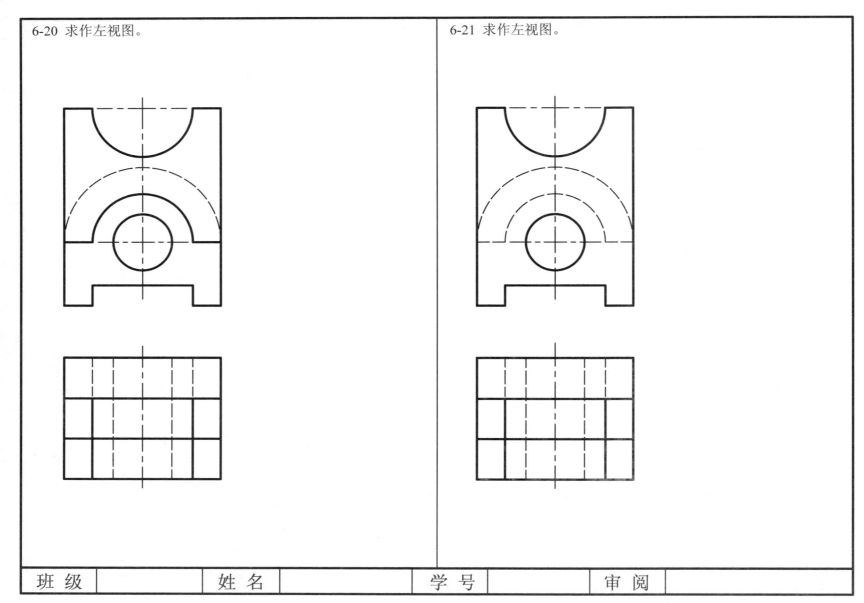

*6-22 补全视图中所缺的线。

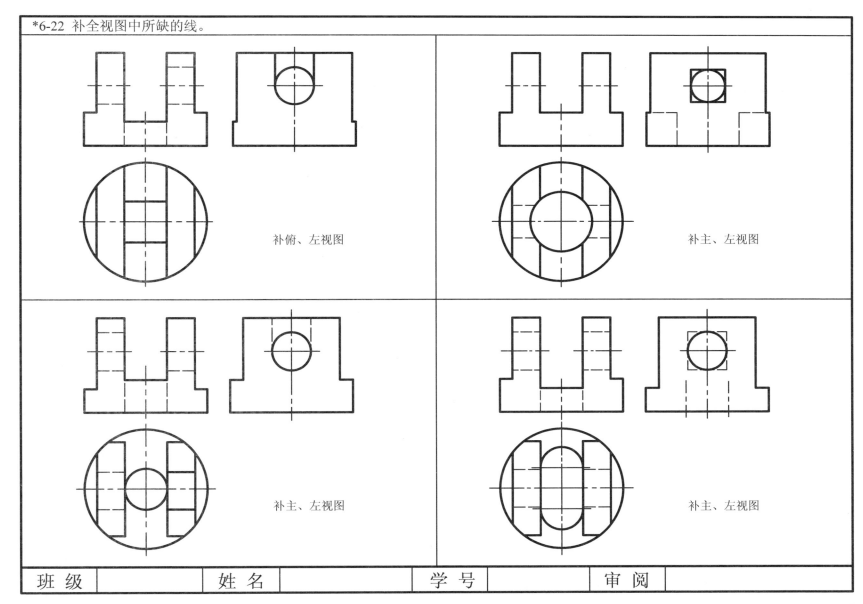

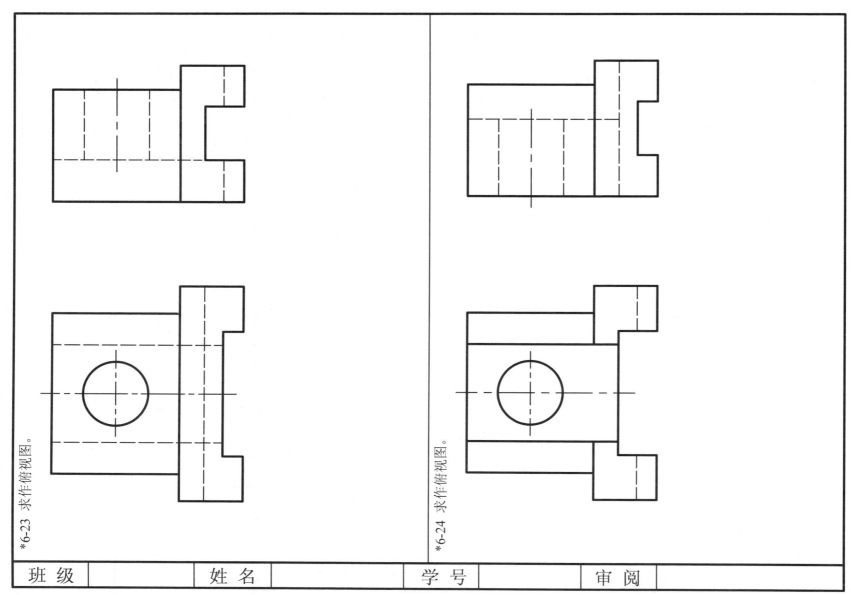

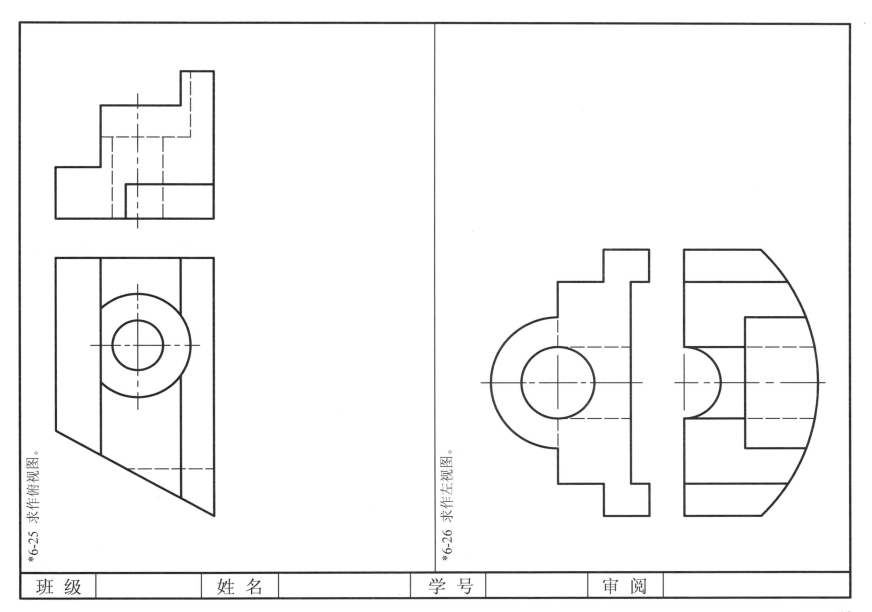

*6-25 求作俯视图。

*6-26 求作左视图。

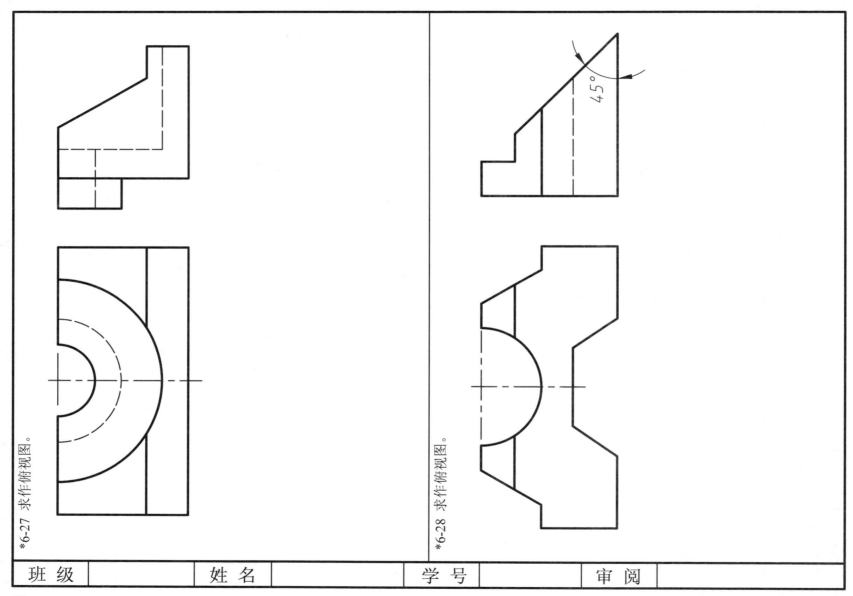

7 机件图样的画法

7-1 已知物体的主、俯、左视图，画出物体的其他3个基本视图。

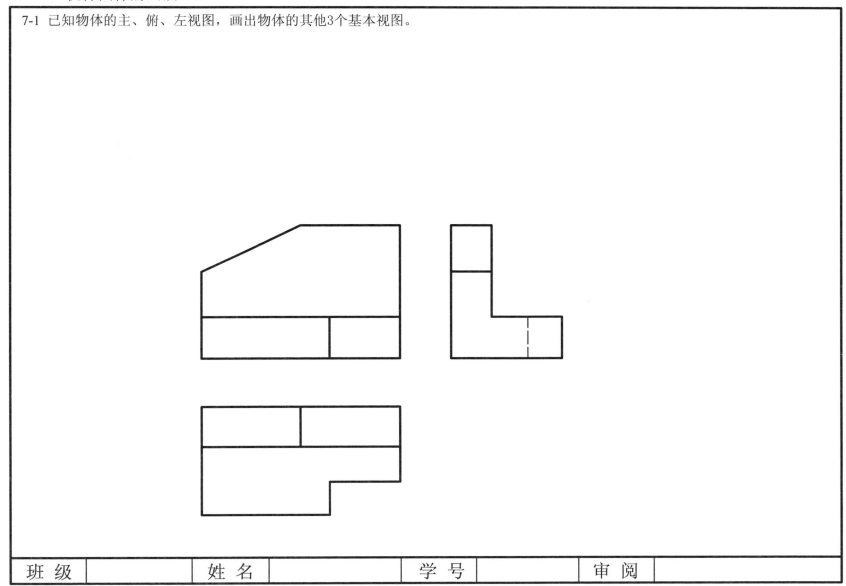

| 班 级 | | 姓 名 | | 学 号 | | 审 阅 | |

7-2 改正剖视图中的错误（将缺的线补上，多余的线上打"×"）。

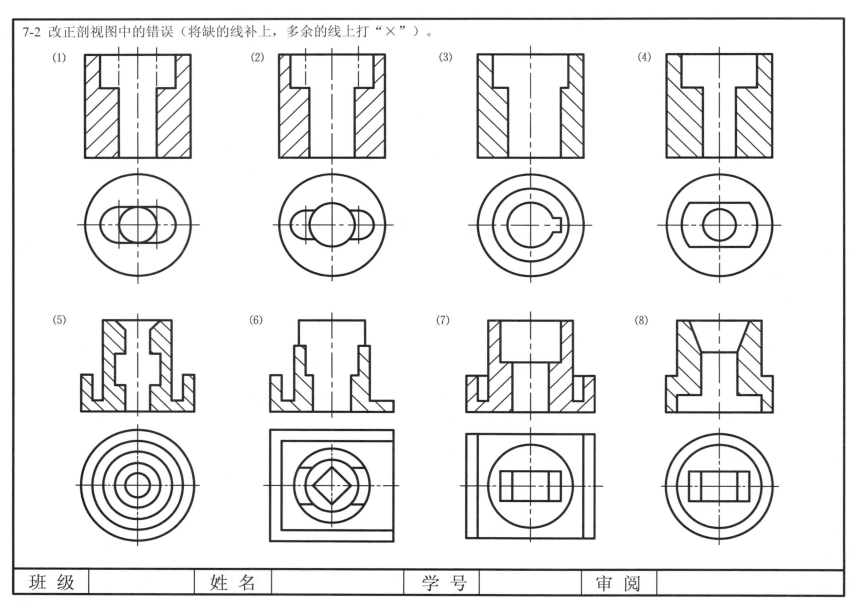

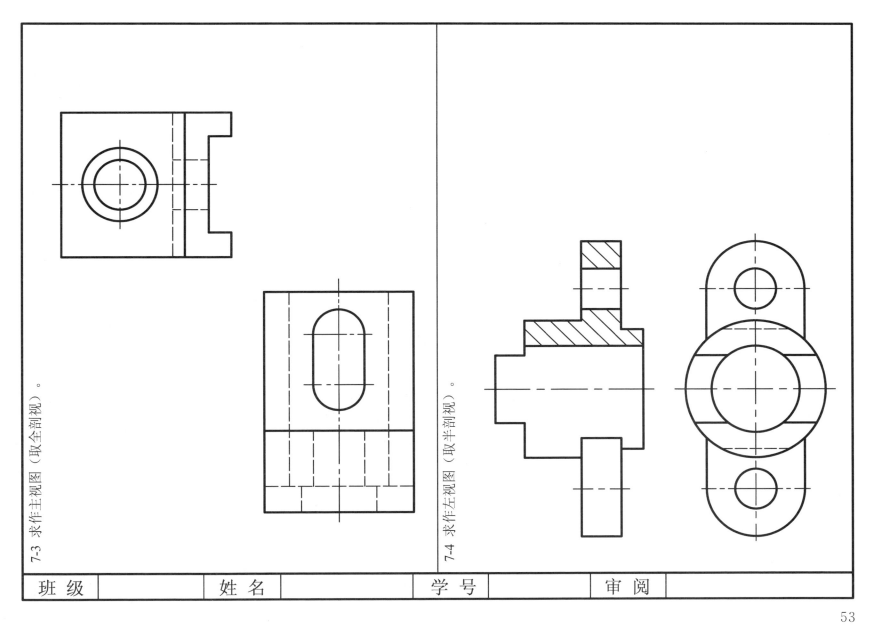

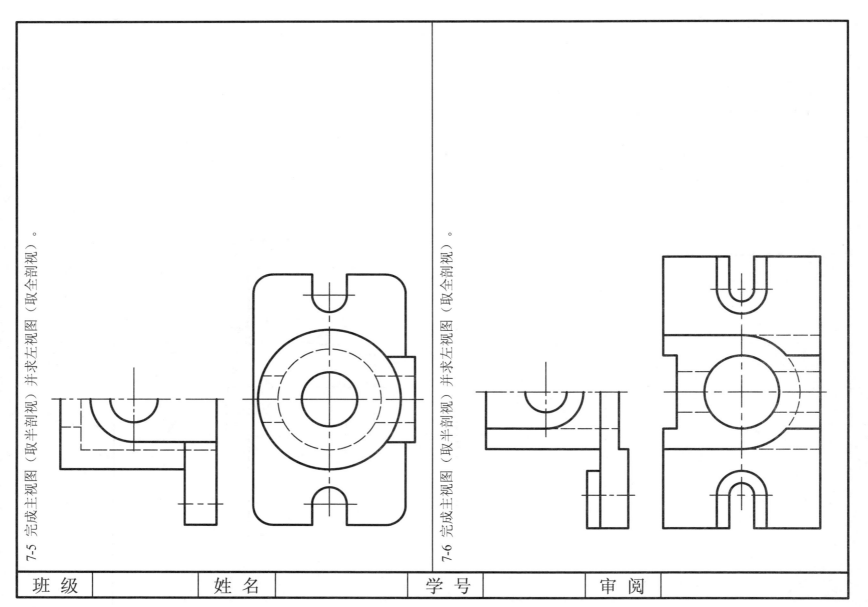

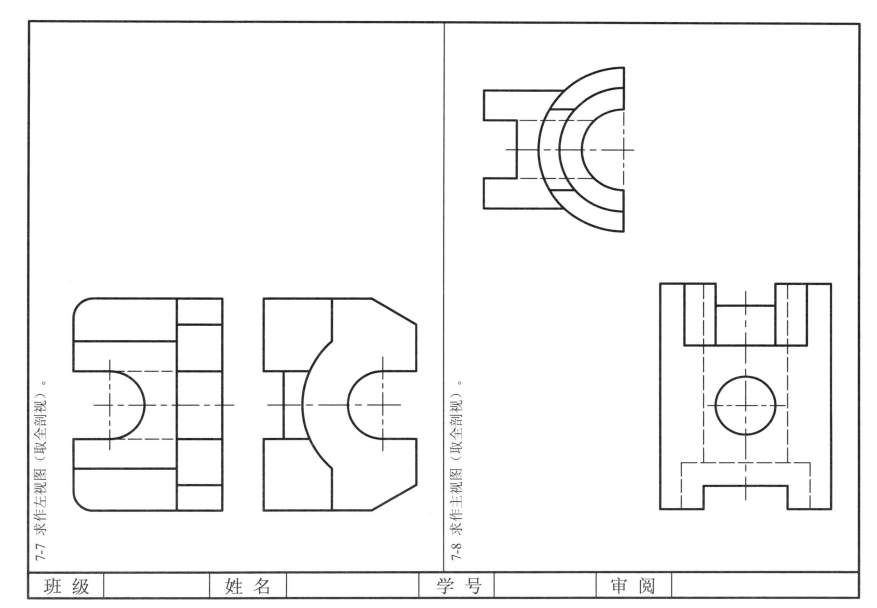

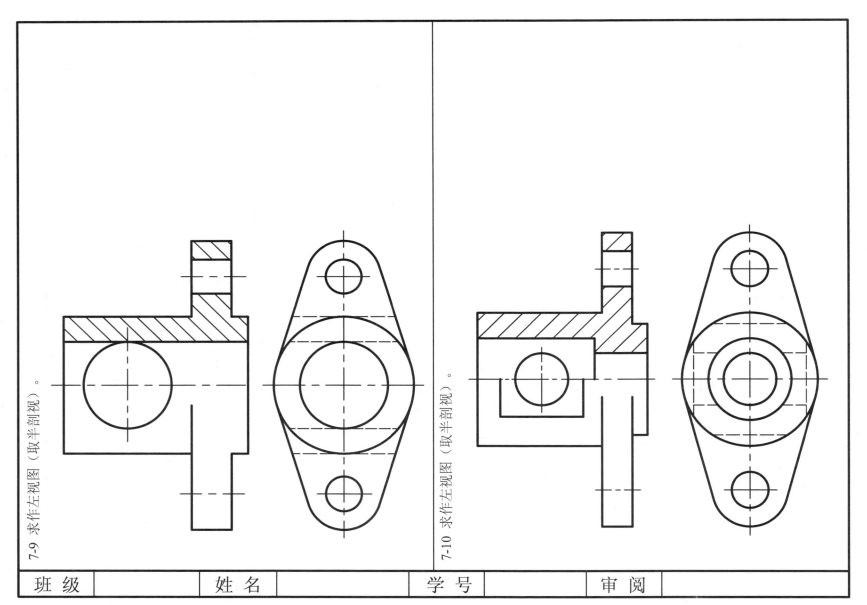

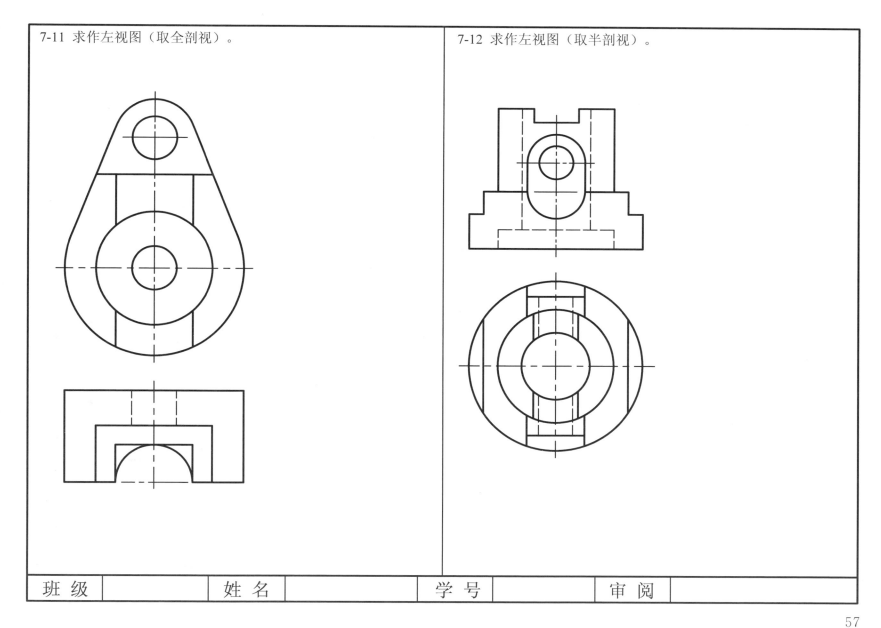

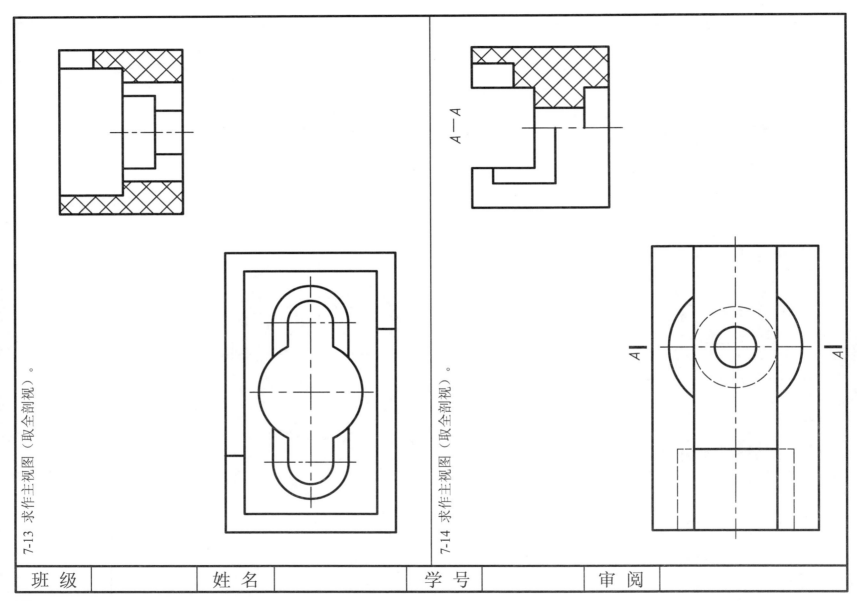

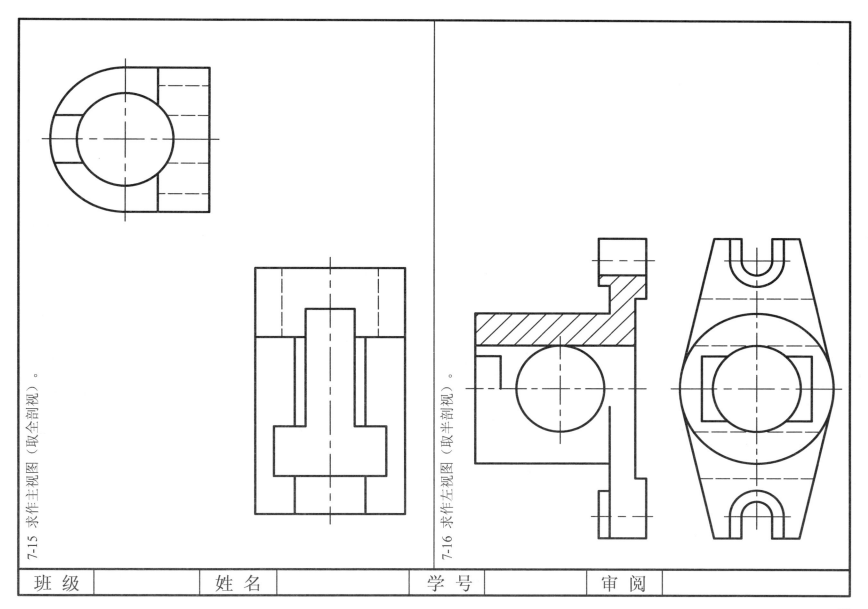

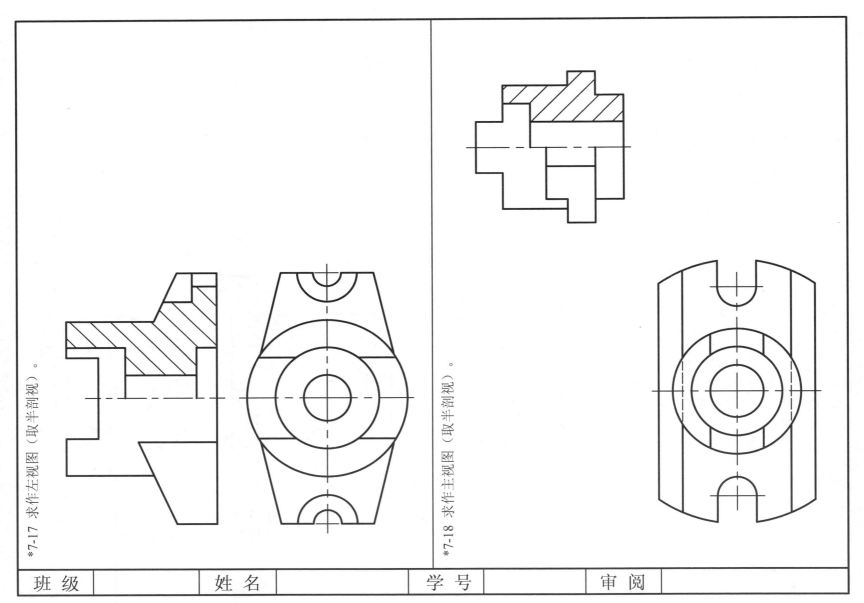

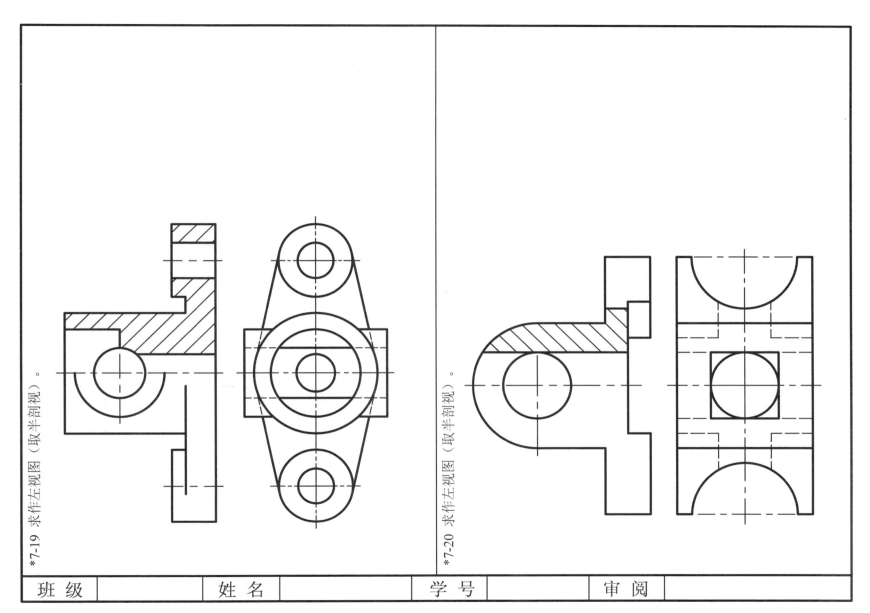

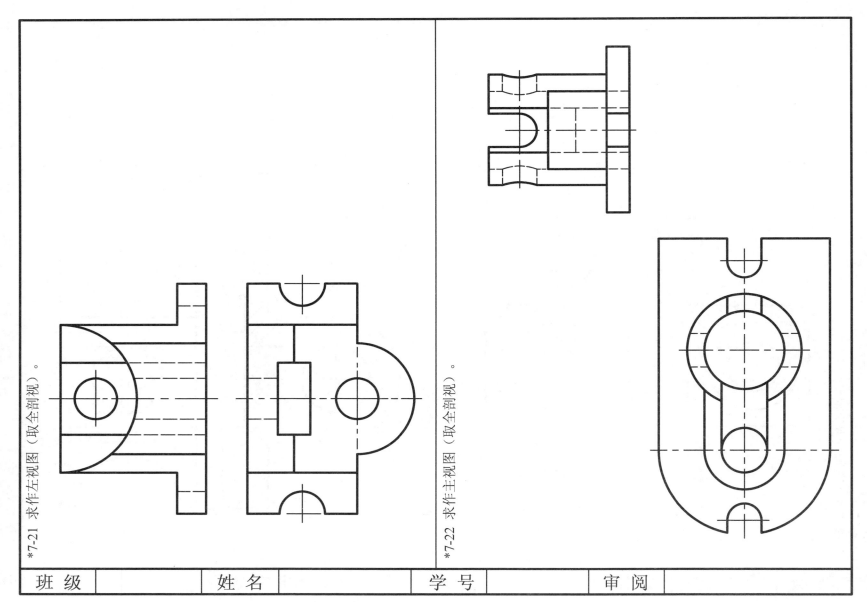

*7-21 求作左视图（取全剖视）。

*7-22 求作主视图（取全剖视）。

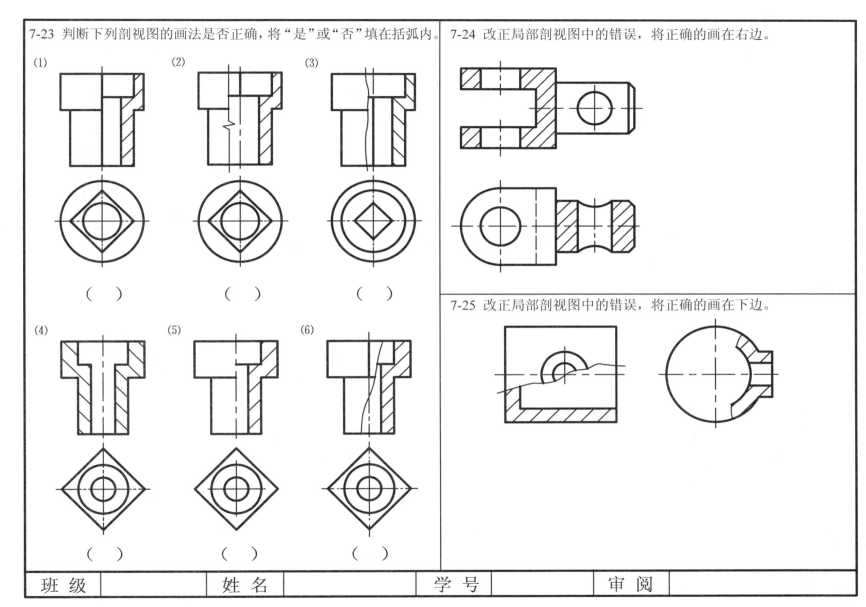

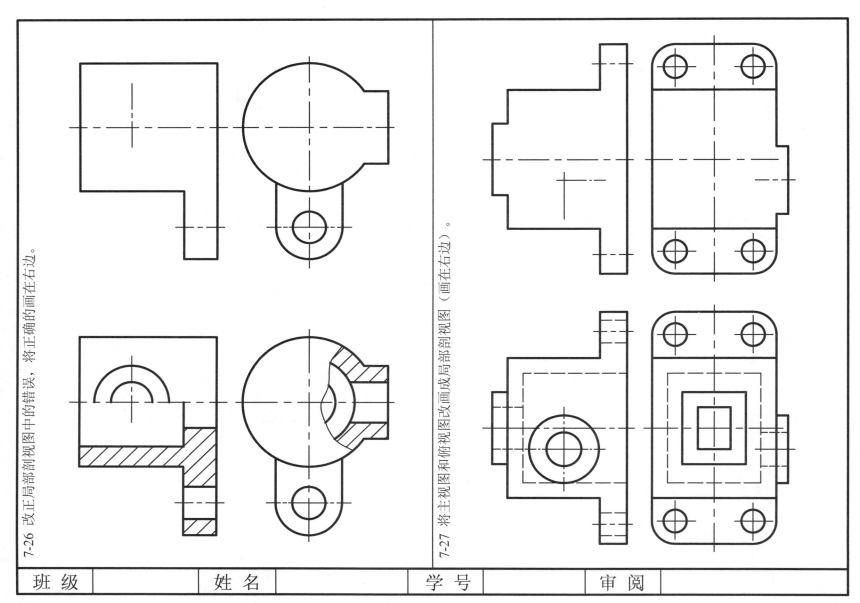

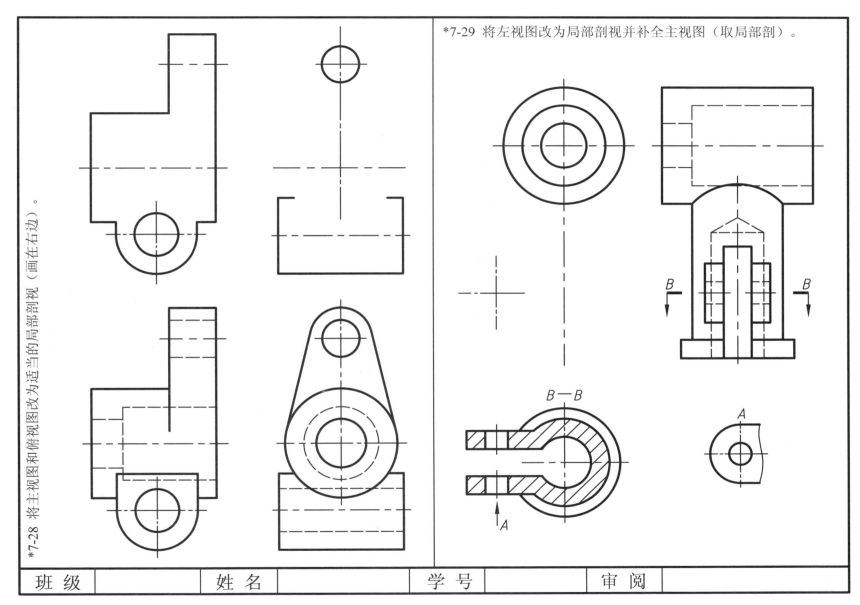

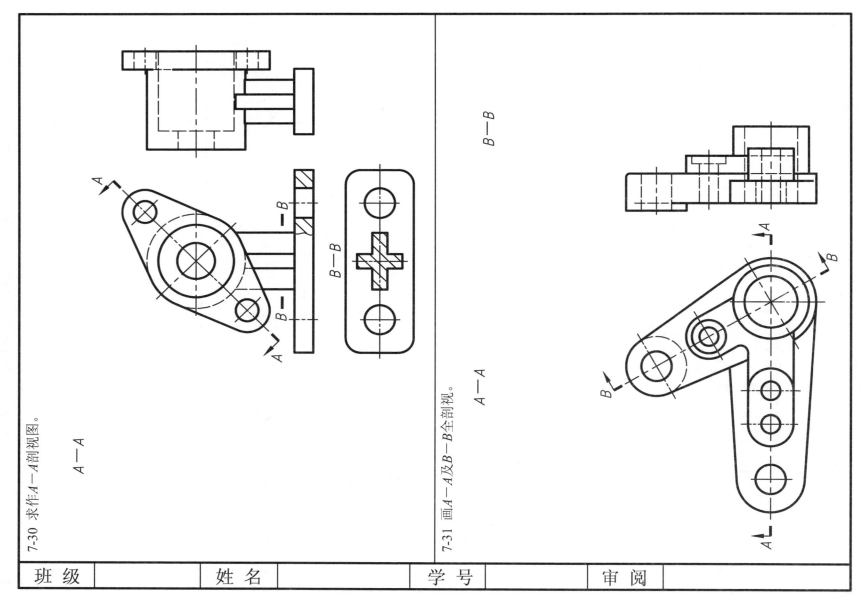

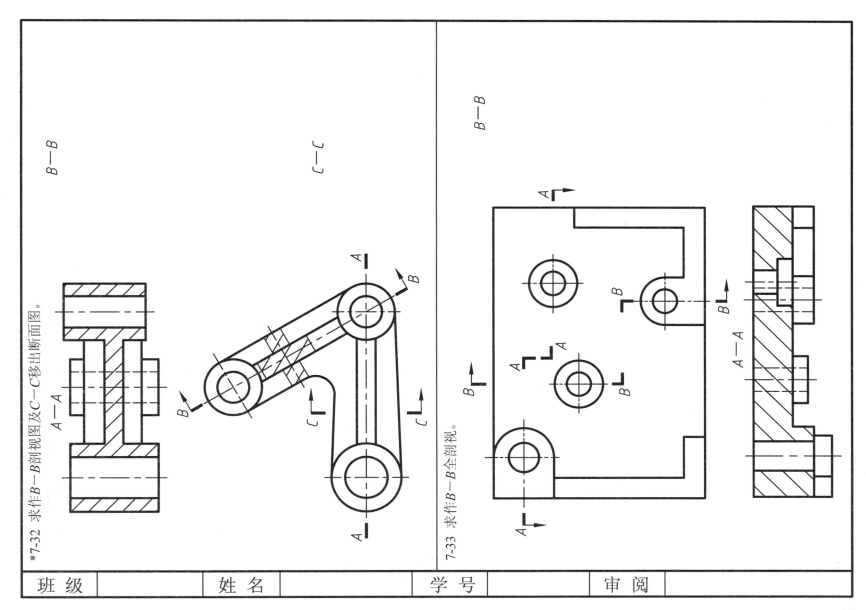

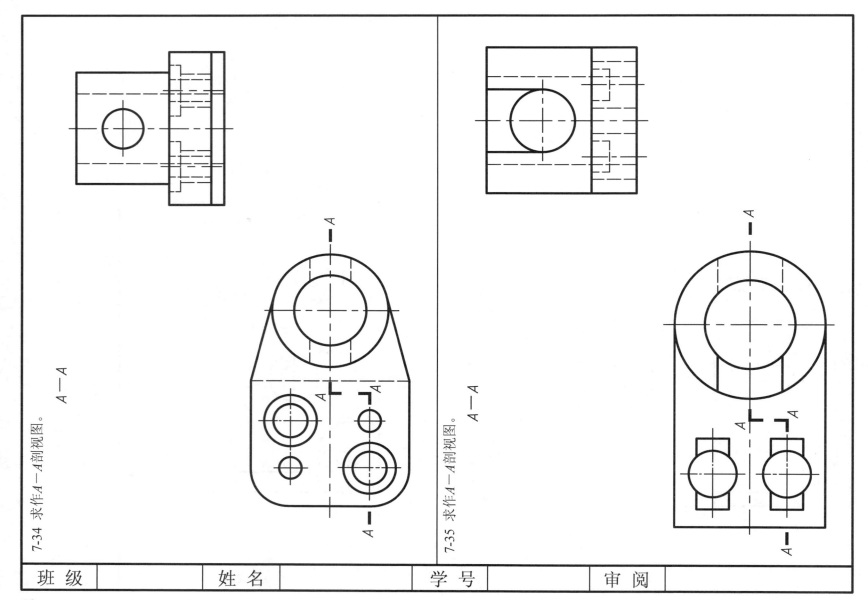

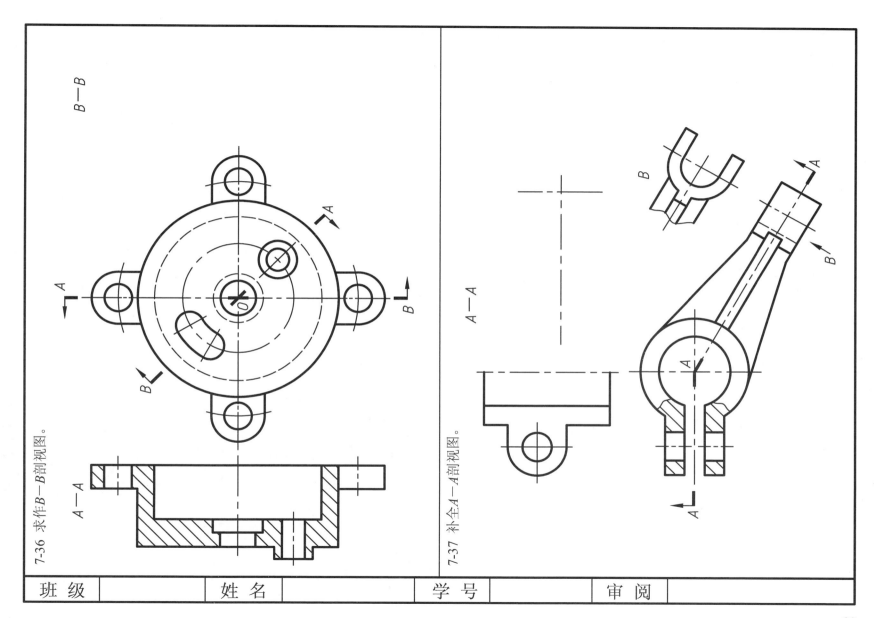

*7-38 将主视图改画成适当的剖视图,并画出B向局部视图和C向斜视图及肋板的重合断面图(要求标注)。

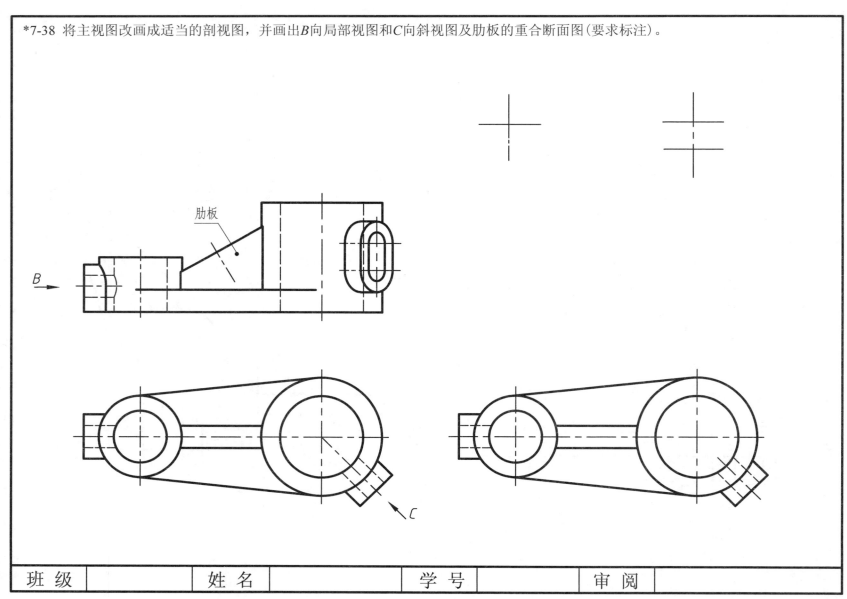

7-39 选择正确的断面图并对其进行标注。

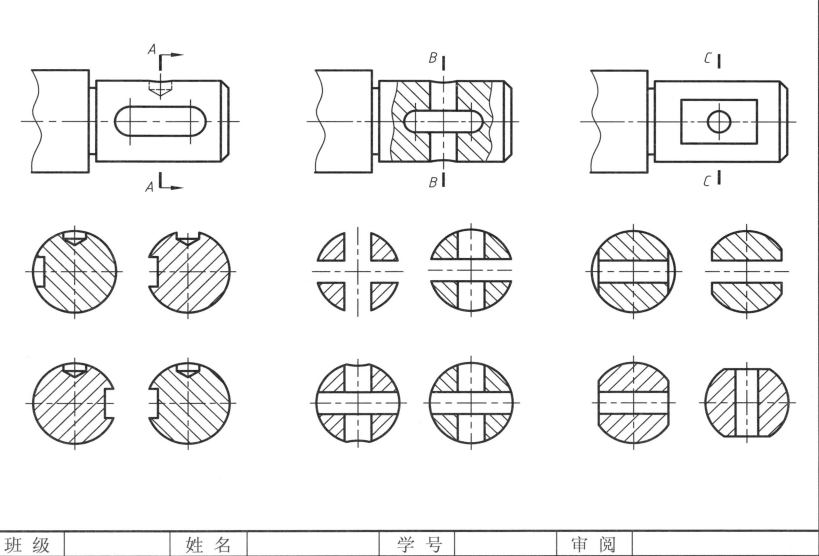

7-40 改正断面图中的错误，将正确的画在下面。

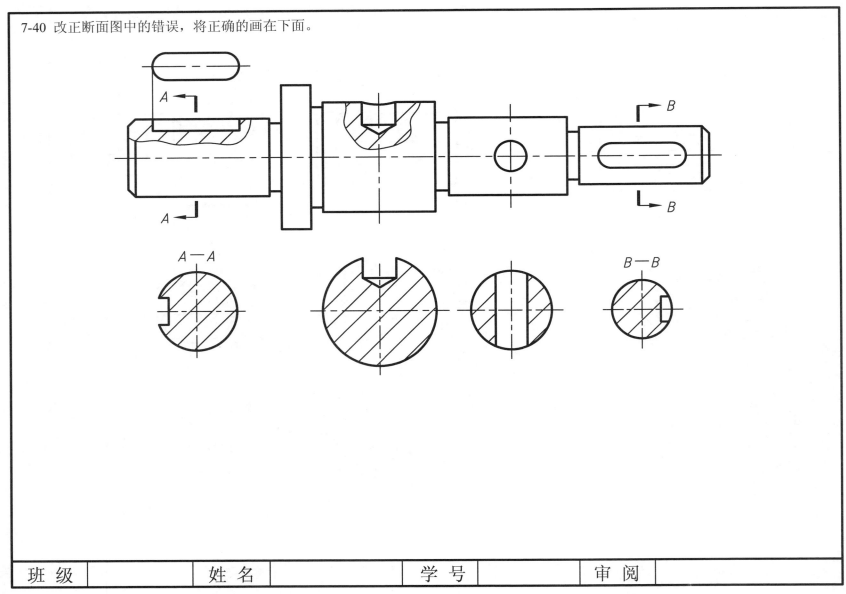

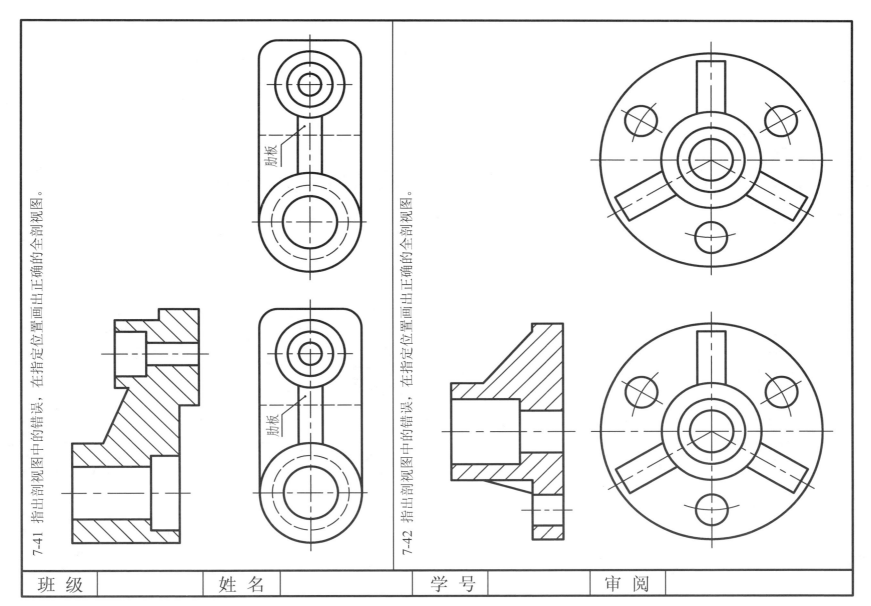

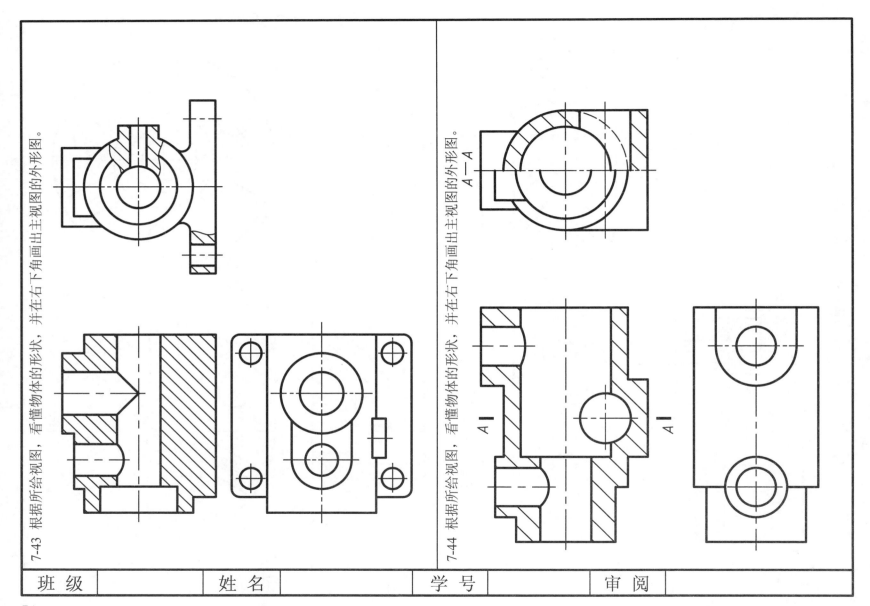

7-45 根据所给视图,看懂物体的形状,重新选择表达方案,将物体的内、外形表达清楚(画在空白处)。

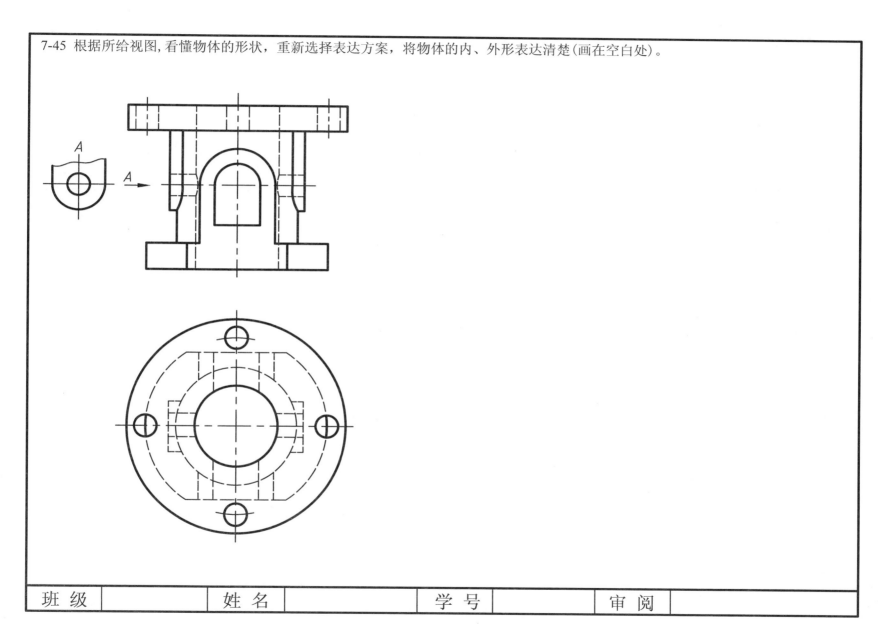

7-46 根据所给视图，看懂物体的形状，重新选择表达方案，将物体的内、外形表达清楚（画在空白处）。

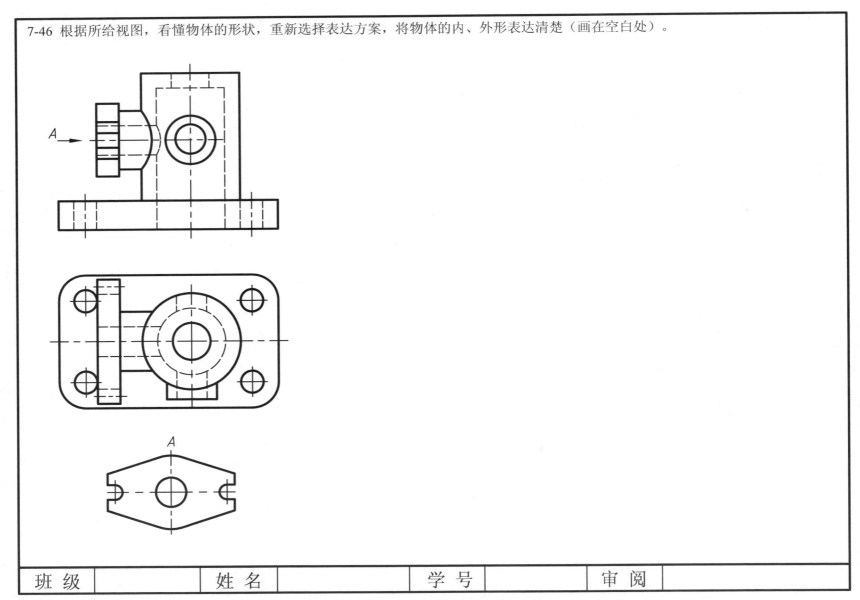

8 轴测图

8-1 徒手画体的正等轴测图。

8-2 徒手画体的正等轴测图。

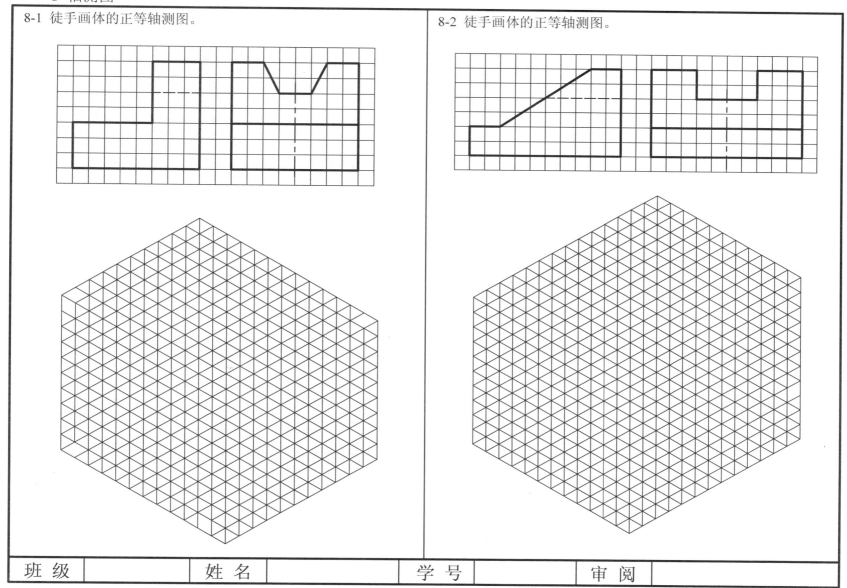

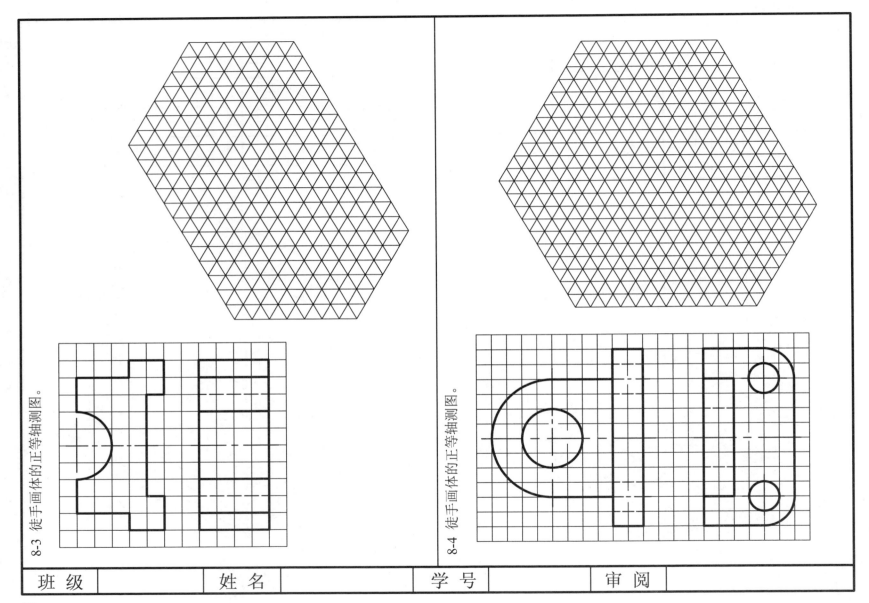

8-5 徒手画体的正等轴测图和斜二轴测图。

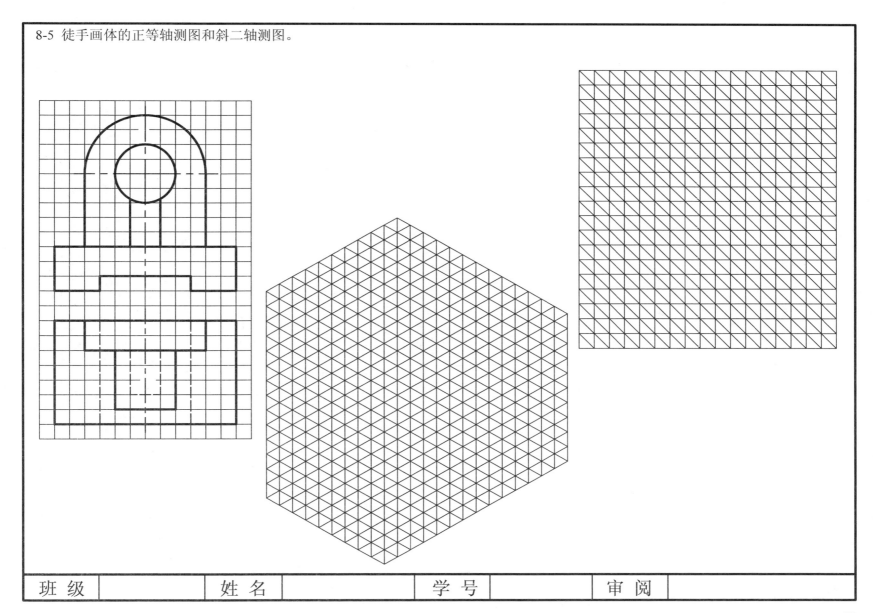

8-6 徒手画体的剖开的斜二轴测图。

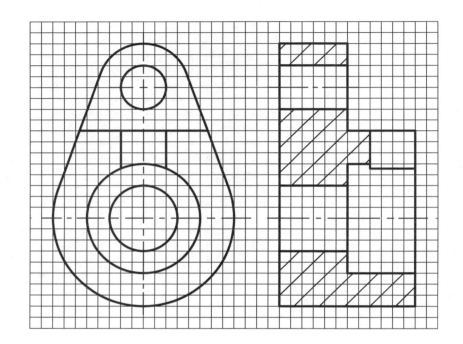

9 尺寸标注基础

9-1 找出图中尺寸注法的错误并在下图正确标注。

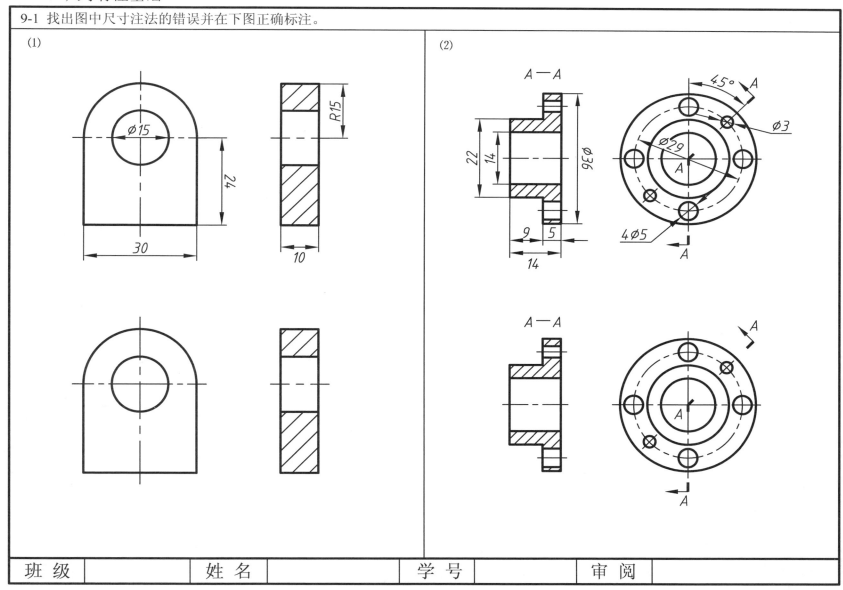

9-2 标注尺寸(数值按1∶1由图中量取，取整数)。

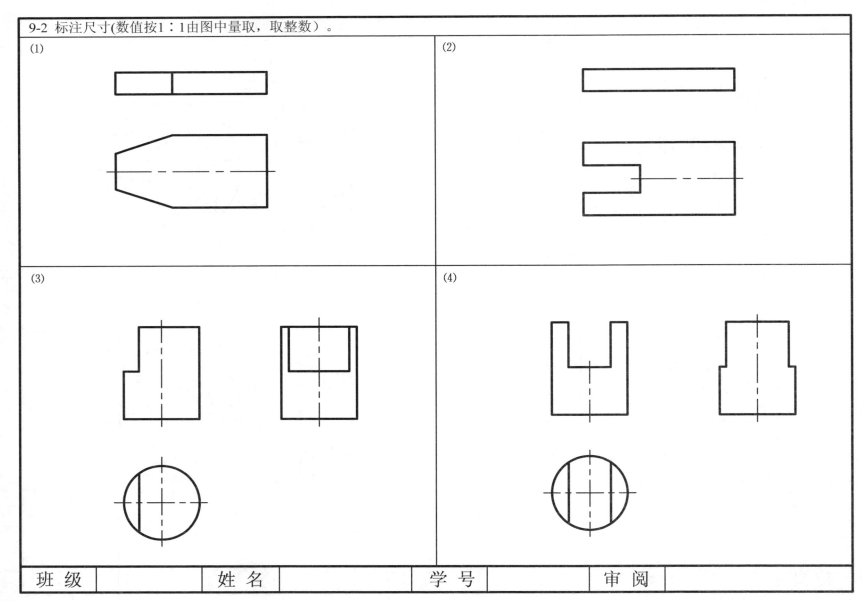

9-3 分析图中的尺寸标注，回答下列问题。

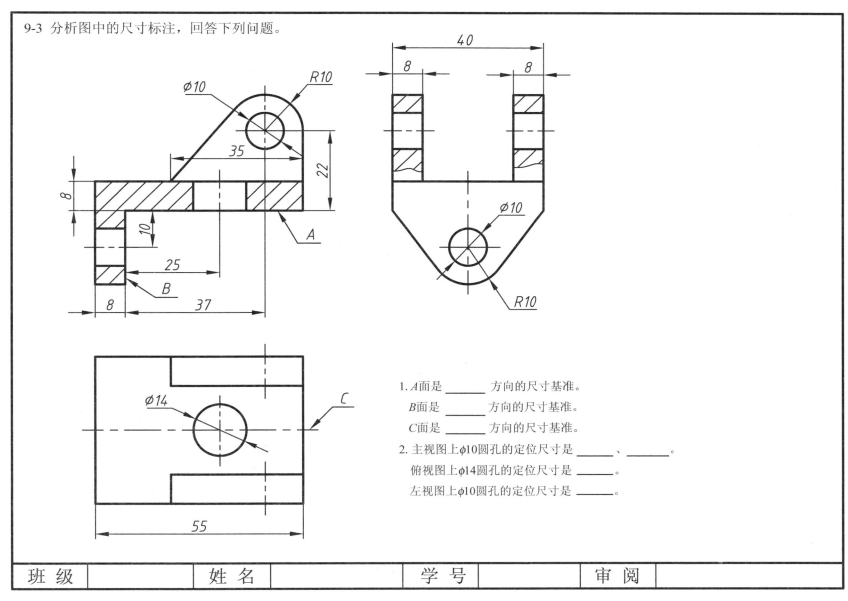

1. A面是 _____ 方向的尺寸基准。
   B面是 _____ 方向的尺寸基准。
   C面是 _____ 方向的尺寸基准。
2. 主视图上φ10圆孔的定位尺寸是 _____、_____。
   俯视图上φ14圆孔的定位尺寸是 _____。
   左视图上φ10圆孔的定位尺寸是 _____。

| 班级 | | 姓名 | | 学号 | | 审阅 | |

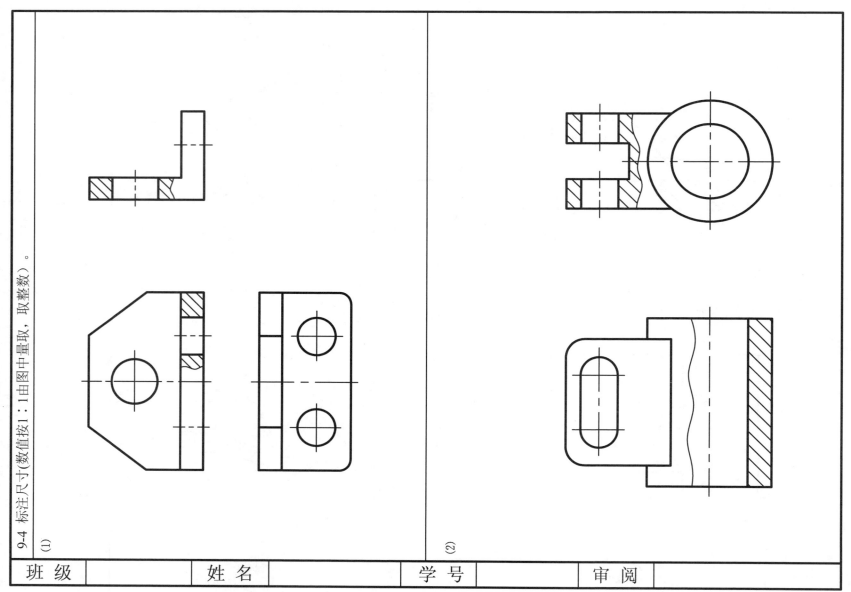

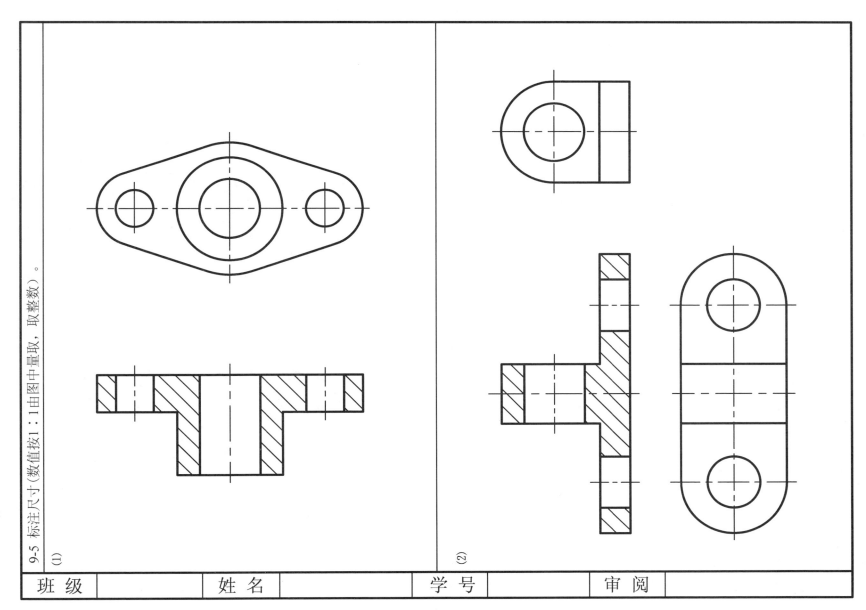

9-6 标注尺寸(数值按1∶1由图中量取，取整数)。

(1) (2)

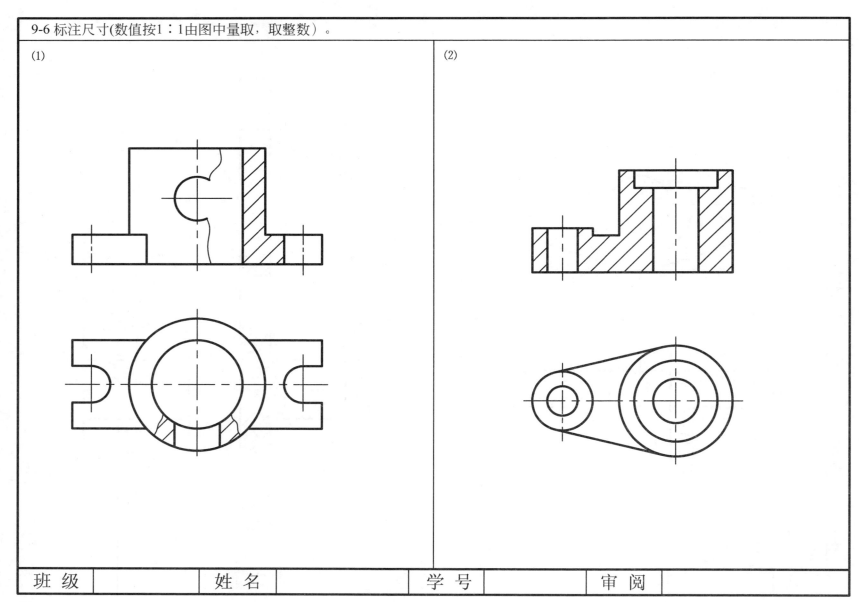

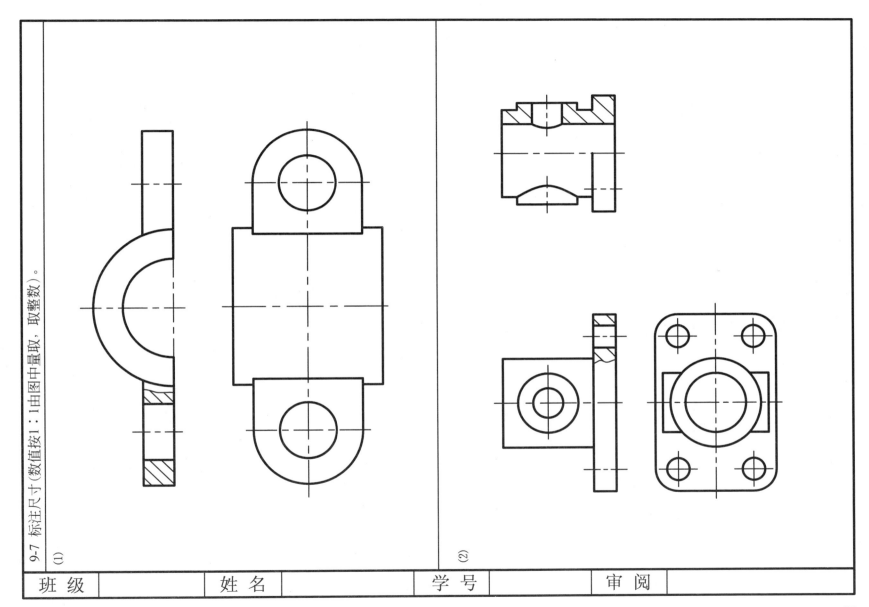

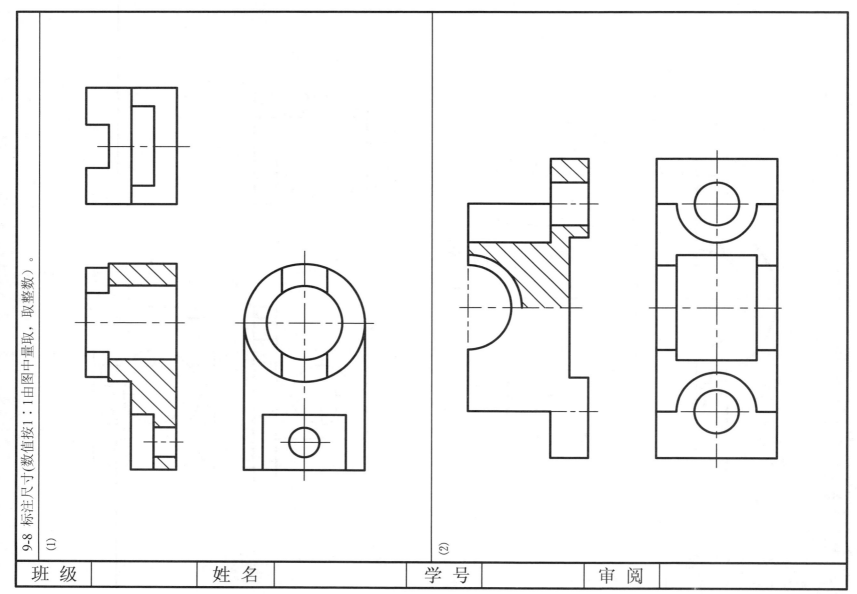

10 螺纹紧固件及常用件

10-1 识别下列螺纹标记中各代号的意义，并填表。

螺纹标记	螺纹种类	螺纹大径	导程	螺距	线数	中径公差带代号	旋合长度代号	旋向
M20－7H－LH								
M20×1.5－7g6g－L								
Tr40×14(P7)－8e								
G3/8								

10-2 检查螺纹画法中的错误，将正确的画在下面。

(1)
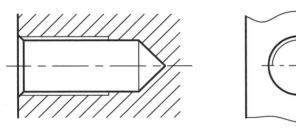 

(2)

班级		姓名		学号		审阅	

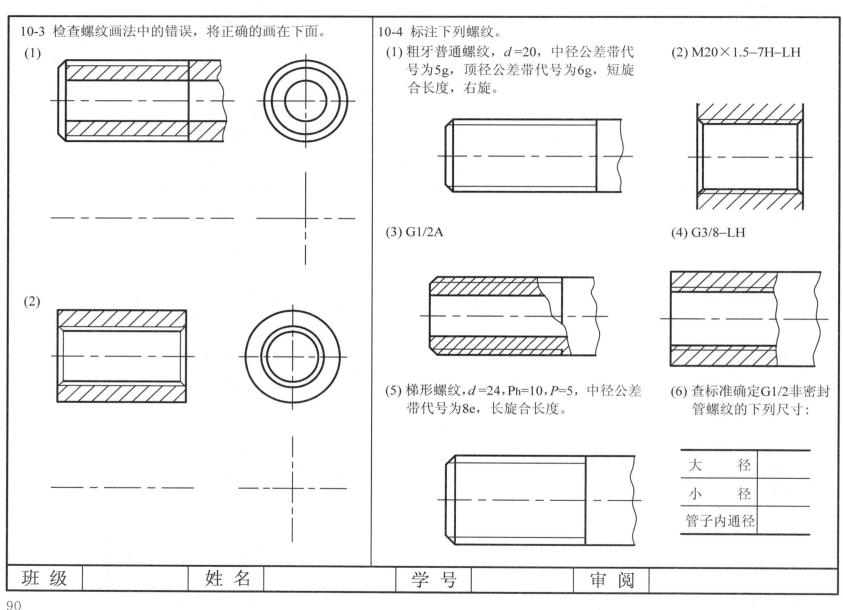

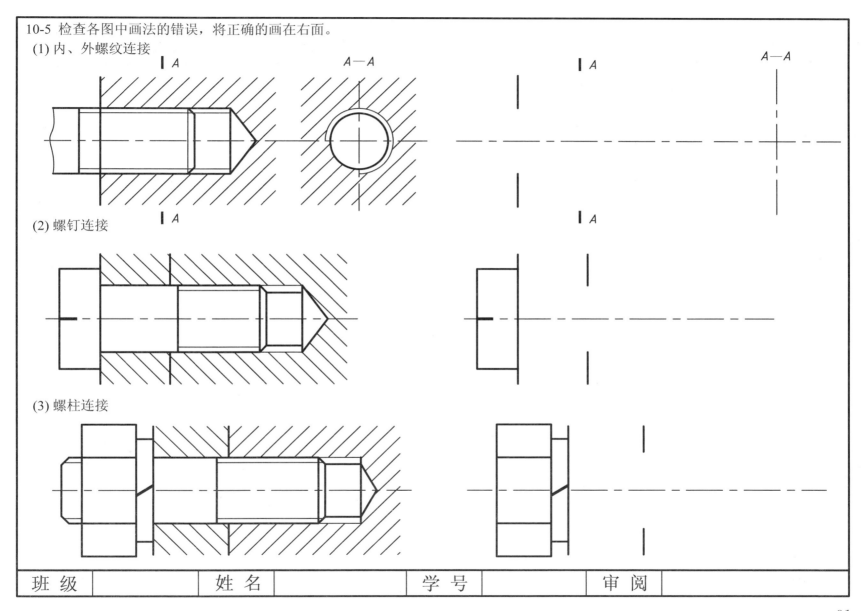

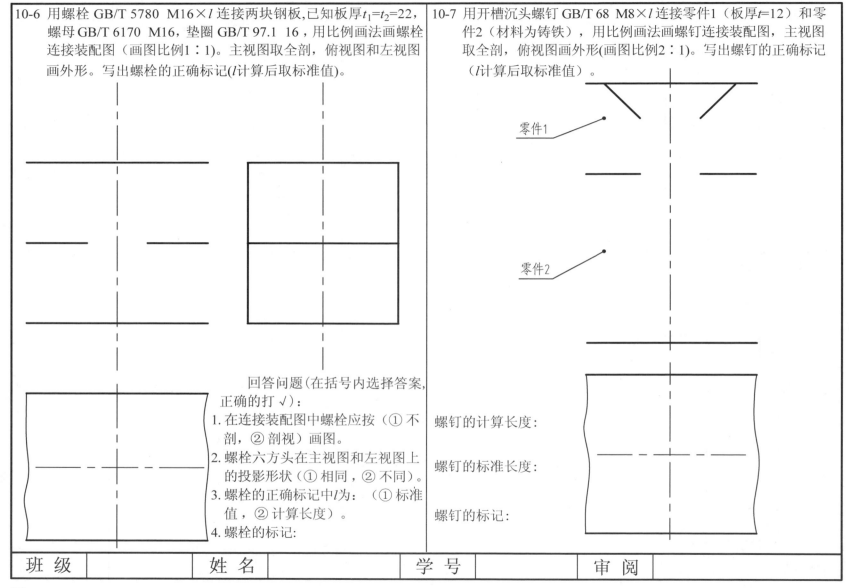

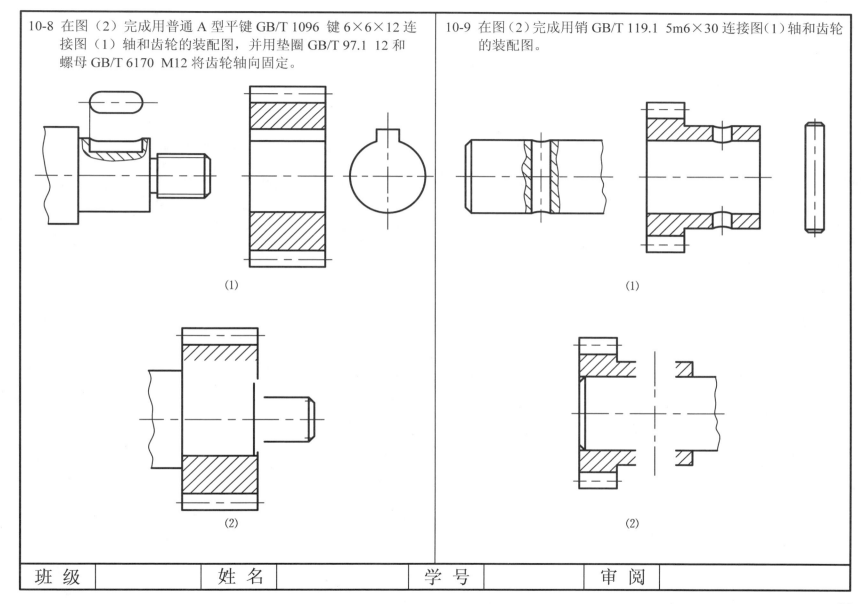

11 零件图

11-1 画支座的零件图（A3图幅，比例1∶1）。
　　材料：HT150

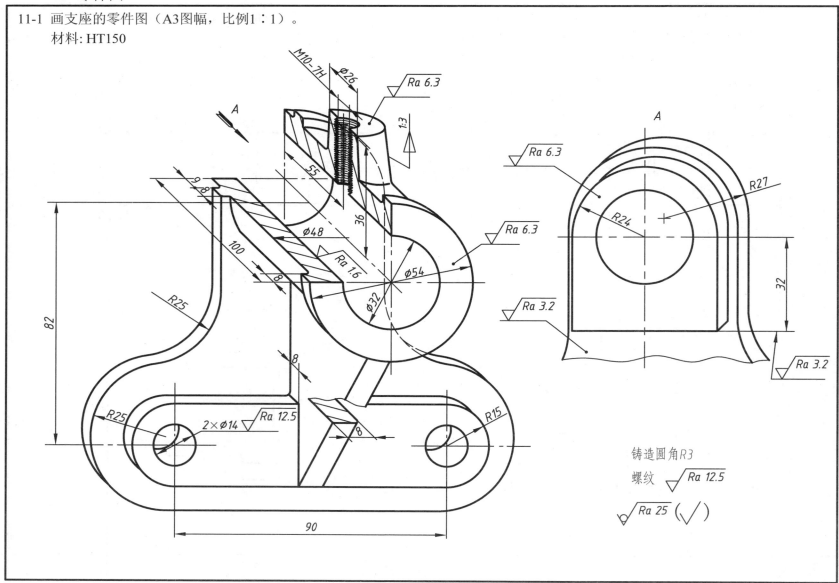

11-2 画座盖的零件图（A3图幅，比例1∶1）。
材料:HT150

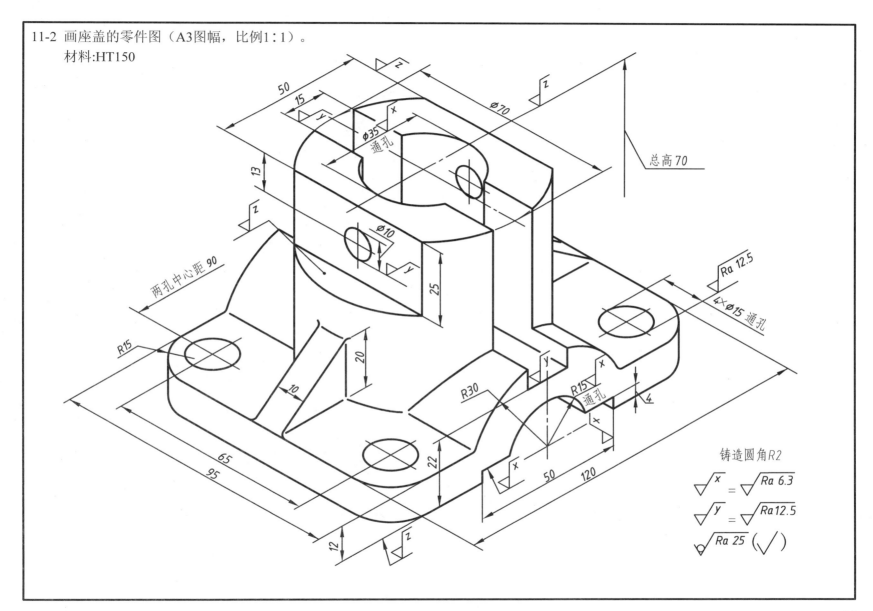

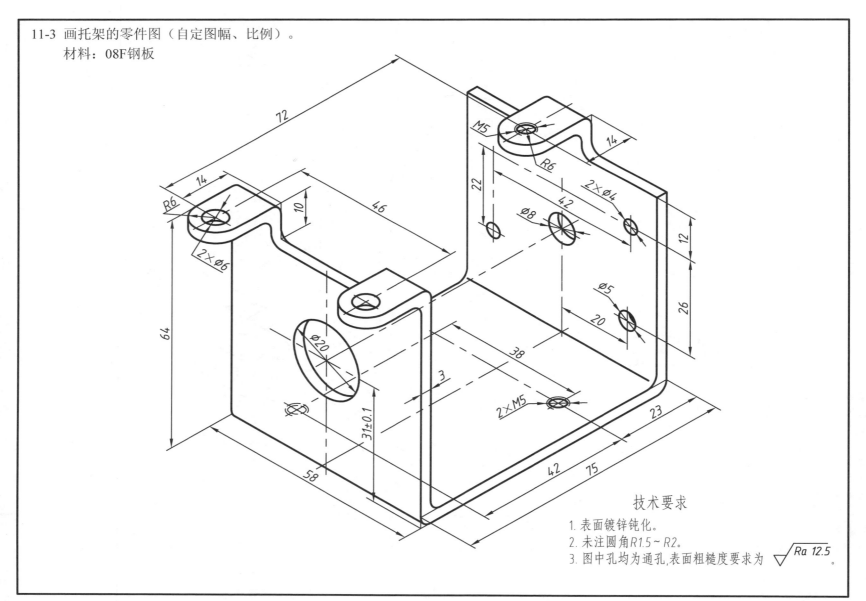

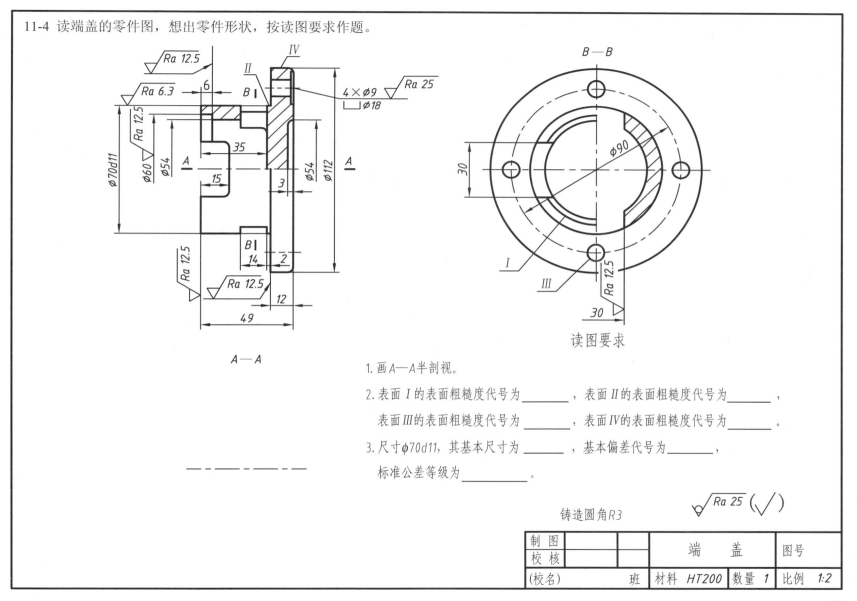

11-5 读底座的零件图，在指定位置画出其主视图与右视图外形图。

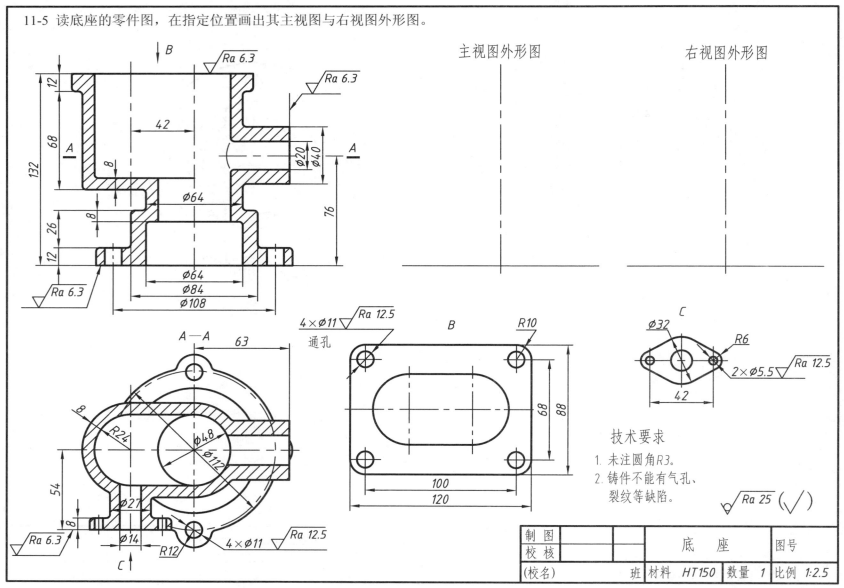

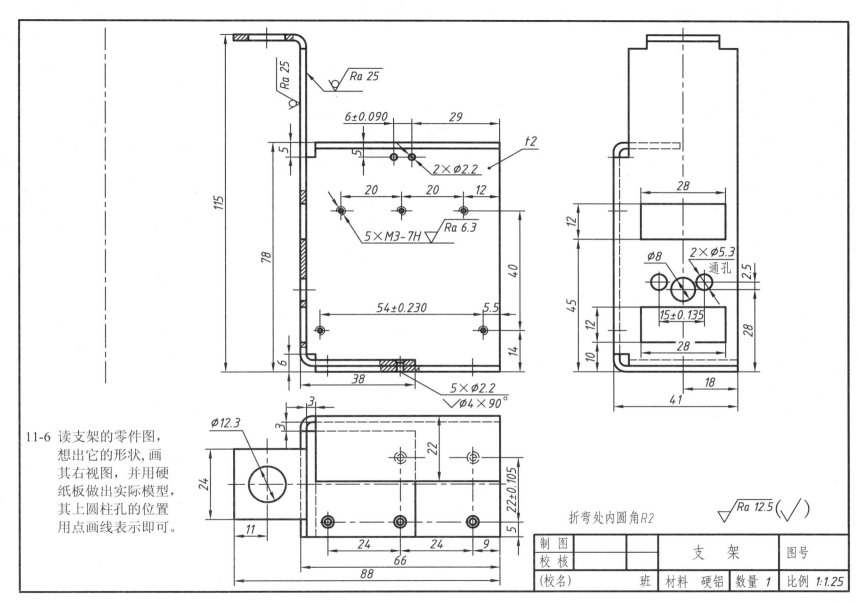

11-7 检查表面粗糙度代号注法的错误，在右图正确标注。

11-9 根据零件图(1)、(2)、(3)，标注其装配图(4)的配合尺寸。

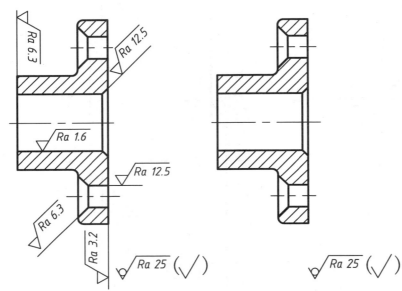

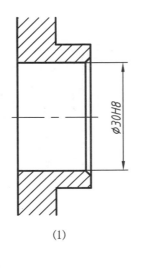

(1)

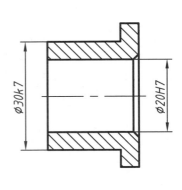

(2)

11-8 (1) 根据配合尺寸φ20H8/k7中各符号的具体含义填表。

配合尺寸	配合制	配合种类	基本偏差代号	标准公差等级
$\phi 20 \dfrac{H8}{k7}$			孔	孔
			轴	轴

(2) 说明配合尺寸φ20H7/f6中各符号的具体含义。

$\phi 20 \dfrac{H7}{f6}$	φ20	H7	f6

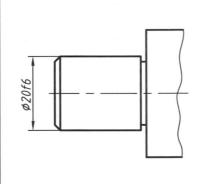

(3)

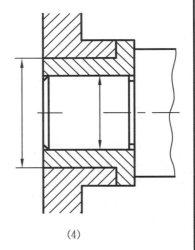

(4)

| 班级 | | 姓名 | | 学号 | | 审阅 | |

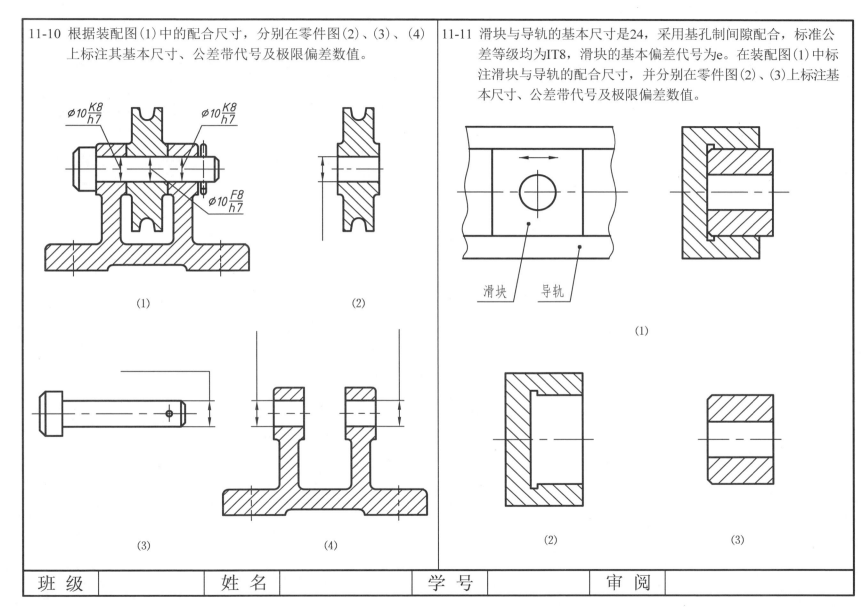

12 装配图

12-1 根据旋塞阀示意图和零件图拼画装配图（A3图幅，比例1∶1）。

工作原理：

　　旋塞阀是安装在管路中控制流体流量的开关装置。图示为开通状态，流体从阀体1和旋塞2的通孔流过。将旋塞2转动90°，通道关闭。

　　在阀体1和旋塞2之间装有填料3，拧紧螺栓5，通过填料压盖4将其压紧，起到密封作用。

零 件 目 录

序号	零件名称	数量	材料	附注及标准
1	阀　　体	1	HT200	
2	旋　　塞	1	45	
3	填　　料	1	石棉绳	
4	填料压盖	1	HT200	
5	螺栓 M8×25	2	Q235	GB/T 5780-2000

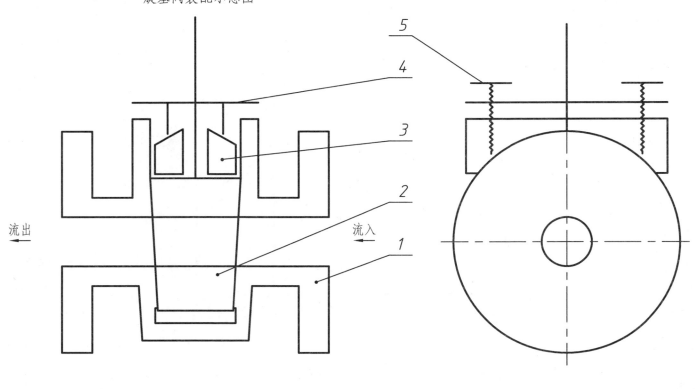

旋塞阀装配示意图

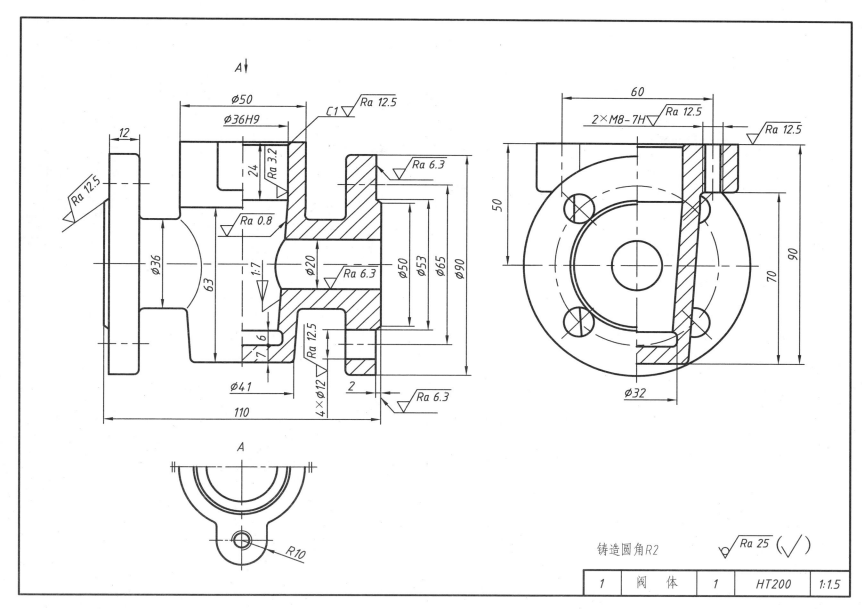

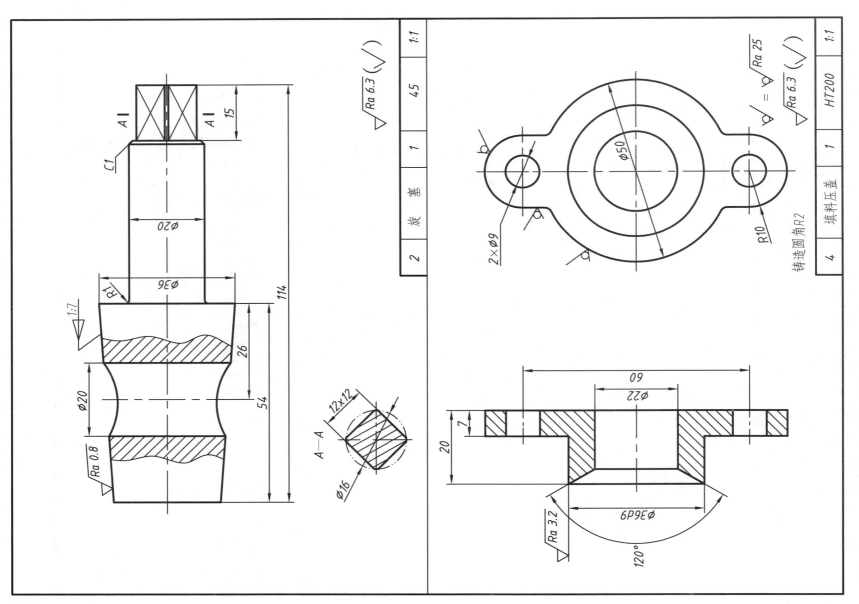

12-2 根据定位器示意图和零件图,拼画装配图（A3图幅，比例4∶1）。

工作原理：
　　定位器安装在仪器的机箱内壁上。工作时定位轴1的一端插入被固定零件的孔中，当该零件需要变换位置时，应拉动把手6，将定位器从该零件的孔中拉出。松开把手后，弹簧4使定位轴恢复原位。

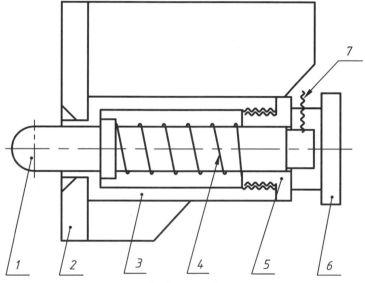

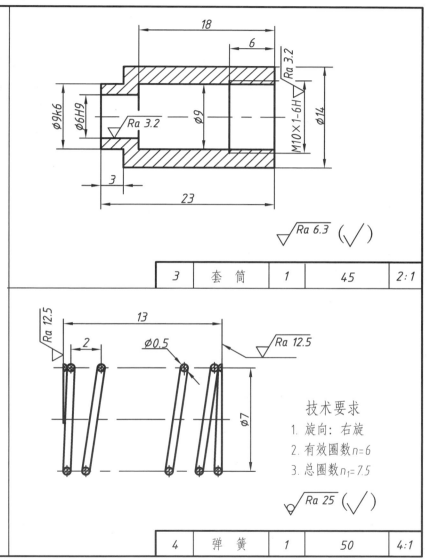

零 件 目 录

序号	名　　称	材　料	数量	备　　注
1	定 位 轴	45	1	
2	支　　架	35	1	
3	套　　筒	45	1	
4	弹　　簧	50	1	
5	盖	15	1	
6	把　　手	塑料	1	
7	紧定螺钉M2.5×4	Q235	1	GB/T 75-1985

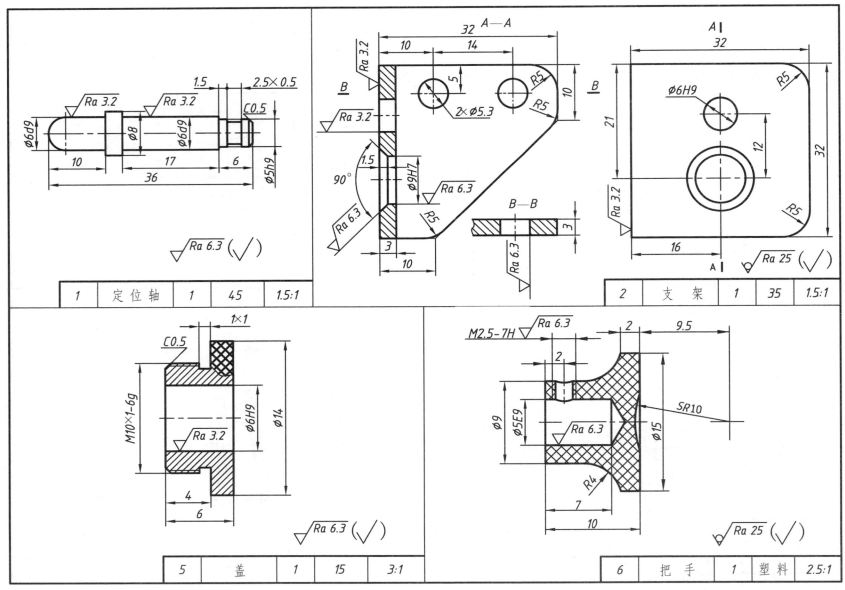

12-3 根据行程开关示意图和零件图,拼画装配图（A3图幅,比例4∶1）。

工作原理：

行程开关是气动控制系统中的位置检测元件，它能将机械运动瞬时转变为气动控制信号。

在非工作情况下，阀芯1在弹簧力的作用下，使发信口与气源口之间的通道封闭，而与泻流口接通。在工作情况下，阀芯在外力作用下，克服弹簧力的阻力下移，打开发信通道，封闭泻流口，有信号输出。外力消失，阀芯复位。

零 件 目 录

序号	名 称	数量	材 料	备 注
1	阀 芯	1	45	
2	螺 母	2	H62	
3	O形密封圈	1	橡胶	GB/T 3452.1-1992
4	阀 体	1	ZCuZn38	
5	O形密封圈	1	橡胶	GB/T 3452.1-1992
6	弹 簧	1	65Mn	
7	O形密封圈	1	橡胶	GB/T 3452.1-1992
8	端 盖	1	H62	
9	管 接 头	2	H62	
10	垫 圈	2	橡胶	

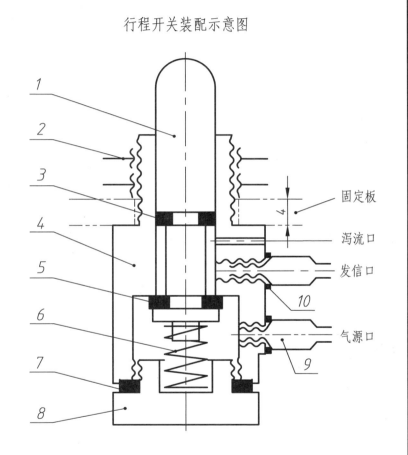

行程开关装配示意图

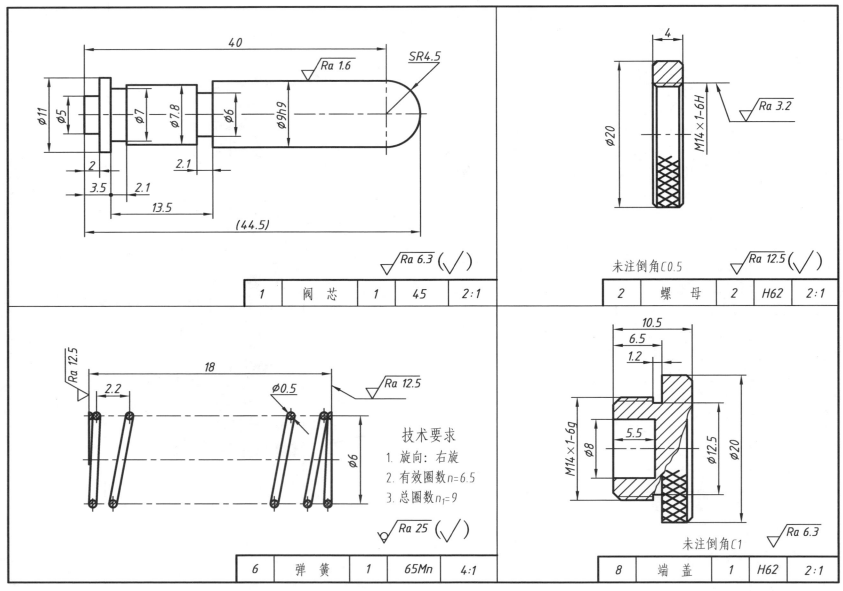

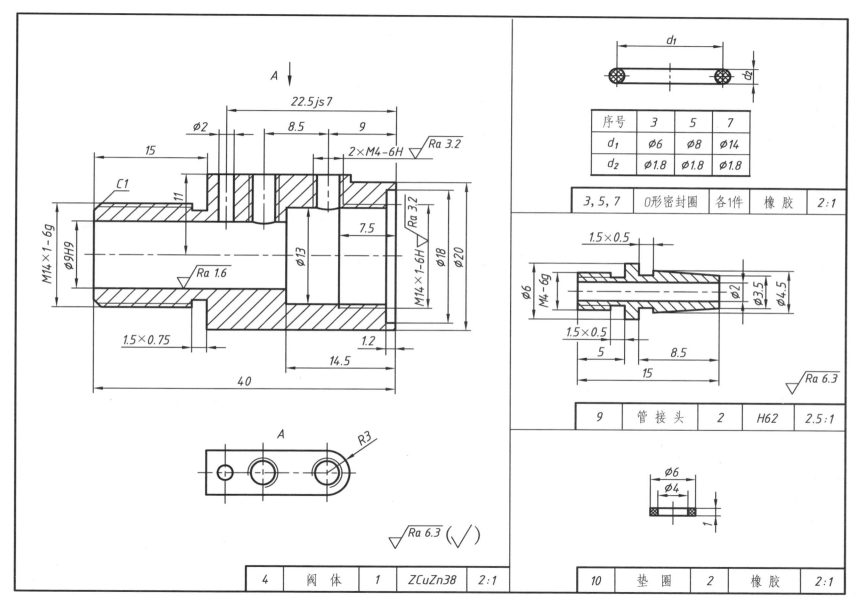

12-4 读平口钳装配图，并拆画零件图。

    1. 工作原理

    平口钳用于装卡被加工的零件。使用时将固定钳体8安装在工作台上，旋转丝杠10推动套螺母5及活动钳体4作直线往复运动，从而使钳口板开合，以松开或夹紧工件。紧固螺钉6用于加工时锁紧套螺母5，以防止零件松动。

    2. 读懂平口钳装配图，完成下列读图要求。

    1) 回答问题

(1) 平口钳由____种零件组成，其中序号是____的零件是标准件。主视图采用____剖，左视图采用____剖，俯视图采用____剖。

(2) 活动钳体4靠_____与套螺母5连接在一起。转动_____带动_____移动，从而带动活动钳体作往复直线运动。

(3) 紧固螺钉6上面的两个小孔起什么作用？

(4) 丝杠10和挡圈1用_____连接。钳口板7与固定钳体8用_____连接。

(5) 垫圈3和9的作用是什么？

(6) 下列尺寸各属于装配图中的何种尺寸？

    0～91属于_____尺寸，$\phi 28H8/f8$属于_____尺寸，160属于_____尺寸，270属于_____尺寸。

(7) $\phi 25H8/f8$是_____和_____的配合尺寸，轴孔配合属于_____制，_____配合。$\phi 25$是_____尺寸，H8是_____代号，f是_____代号。

2) 根据平口钳装配图拆画零件图

(1) 用1：1的比例在A3方格纸上拆画固定钳体8的零件图。
    各表面的表面粗糙度参数Ra值（μm）可按以下要求标注：
    两端轴孔表面（$\phi 25$、$\phi 14$）可选1.6
    上表面及方槽中的接触表面可选3.2
    安装钳口板处两表面可选6.3
    其余切削加工面可选25

铸造表面为 $\sqrt{Ra\ 25}$

(2) 用1：1的比例在A3方格纸上拆画活动钳体4的零件图(只画视图，不标注尺寸及表面粗糙度要求等)。

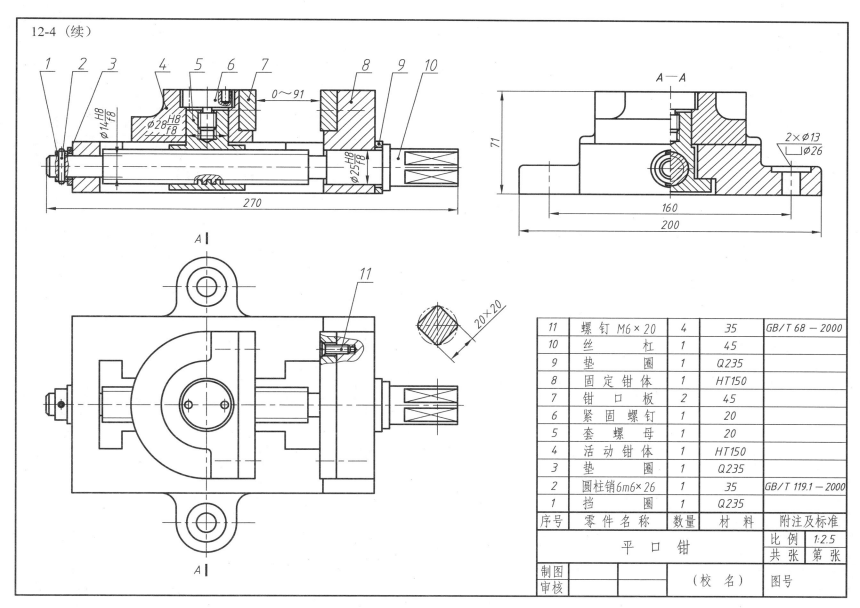

12-5 读隔膜阀装配图，并拆画零件图。

1. 工作原理

　　隔膜阀是一种调节气流的装置。当阀帽1受外力向下压时，通过隔膜4因弹性压下阀杆7，阀杆下的弹簧10被压缩，使阀杆与胶垫8之间产生空隙，由阀底部进入的气体均匀流入套筒6内从阀体11右上方的螺孔排出。阀帽的外力消除后，由弹簧10的弹力使阀杆7压紧胶垫8而切断气流。

2. 读懂隔膜阀装配图，完成下列读图要求：

(1) 柱塞12和紧定螺钉14起什么作用？

(2) 下列尺寸属于装配图中的哪一类尺寸？

　　俯视图中尺寸62属于 _____ 尺寸，72属于 _____ 尺寸。

(3) 说明配合尺寸$\phi 40H7/n6$的含义：属于 _____ 制 _____ 配合，$\phi 40$是 _____ ，H是 _____ 代号，7是 _____ 。

(4) 拆画阀体11的零件图，可选比例1：1，A3图幅。

(5) 拆画套筒6或阀套9的零件图，自定比例、图幅。

隔膜阀装配图的明细栏

14	紧定螺钉M6×12	2	35	GB/T 75-1985
13	螺钉 M6×25	2	35	GB/T 65-2000
12	柱　　塞	1	Q235	
11	阀　　体	1	HT150	
10	弹　　簧	1	65Mn	
9	阀　　套	1	Q235	
8	胶　　垫	1	橡胶	
7	阀　　杆	1	45	
6	套　　筒	1	Q235	
5	衬　　垫	1	橡胶	
4	隔　　膜	1	橡胶	
3	阀　　盖	1	HT150	
2	衬　　套	1	Q235	
1	阀　　帽	1	45	
序号	零件名称	数量	材　料	附注及标准
隔 膜 阀			比例	1:1.5
			共张	第张
制图		（校　名）	图号	
审核				

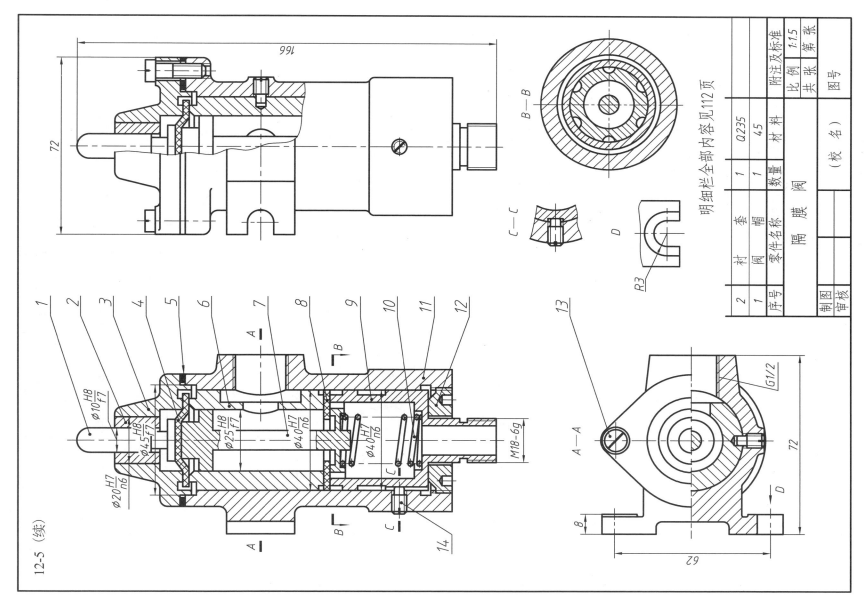

12-6 读微动机构装配图，读懂支座6和导套9的结构形状，并画出它们的零件图(自定图幅、比例)。

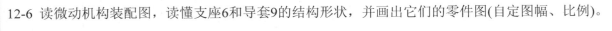
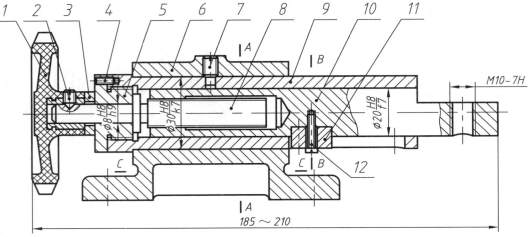
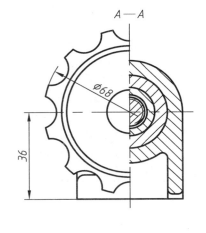
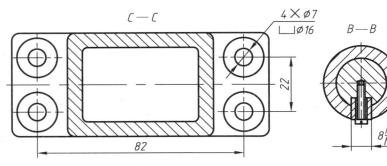

工作原理

微动机构是氩弧焊机的微调装置，焊枪固定在导杆10右端的M10-7H螺孔处。螺杆8和手轮1用紧定螺钉2固定在一起，当转动手轮1时，带动螺杆8转动，使导杆10在导套9中作轴向往复移动，对焊枪位置进行微调。

平键11在导套9的槽内用于导向，轴套5用于螺杆8的支撑和定位。

思考题

(1) 紧定螺钉2、4、7及平键11的作用是什么？它们是否为标准件？为什么？
(2) 结合微动机构的工作原理和图中配合尺寸，说明相关零件之间的配合关系。

12	螺钉 M6×20	1	Q235	GB/T 65—2000
11	平　　键	1	45	
10	导　　杆	1	45	
9	导　　套	1	45	
8	螺　　杆	1	45	
7	紧定螺钉M6×12	1	Q235	GB/T 75—1985
6	支　　座	1	ZL103	
5	轴　　套	1	45	
4	紧定螺钉M3×8	1	Q235	GB/T 73—1985
3	垫　　圈	1	Q235	
2	紧定螺钉M5×8	1	Q235	GB/T 71—1985
1	手　　轮	1	塑料	
序号	零件名称	数量	材料	附注及标准

微 动 机 构　　比例 1:1.5

13 尺规作图与徒手绘图

13-1 几何作图（用尺规将下面的图形抄绘在右边）。

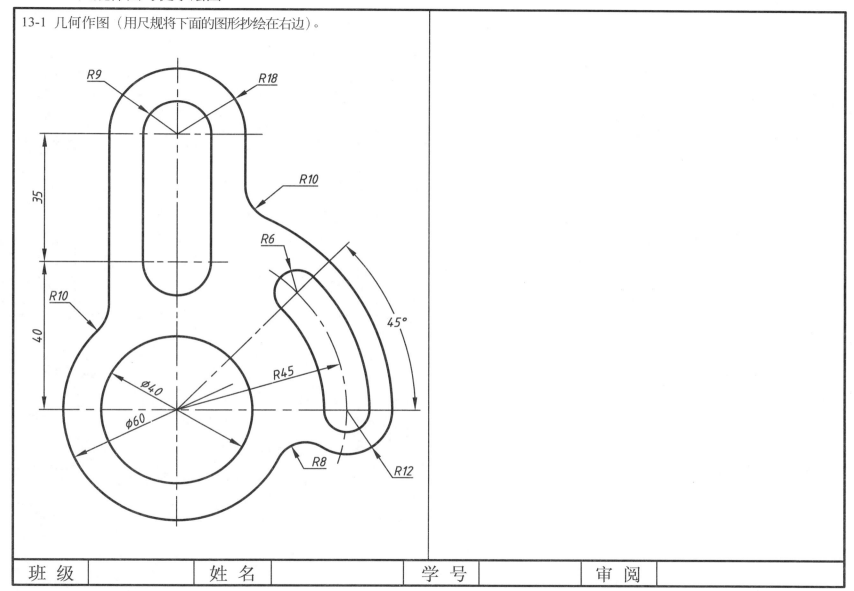

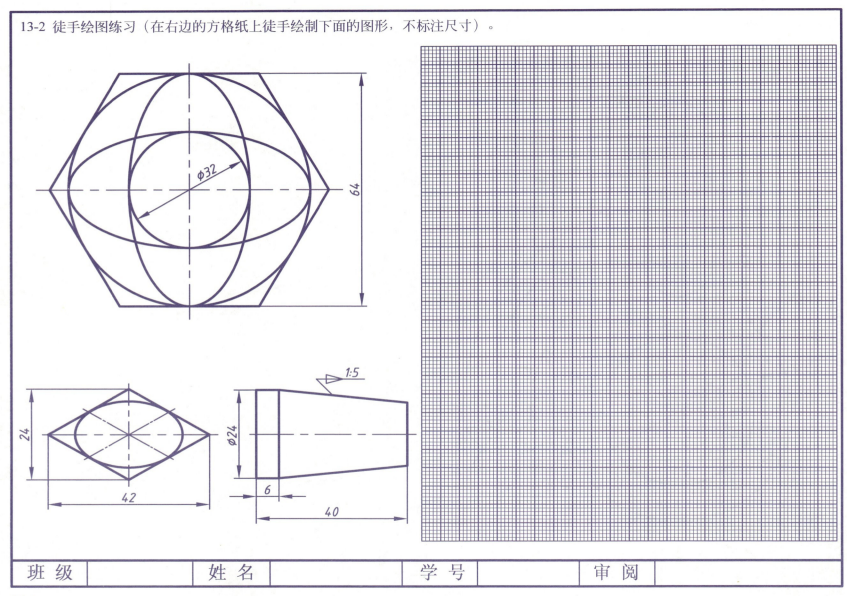

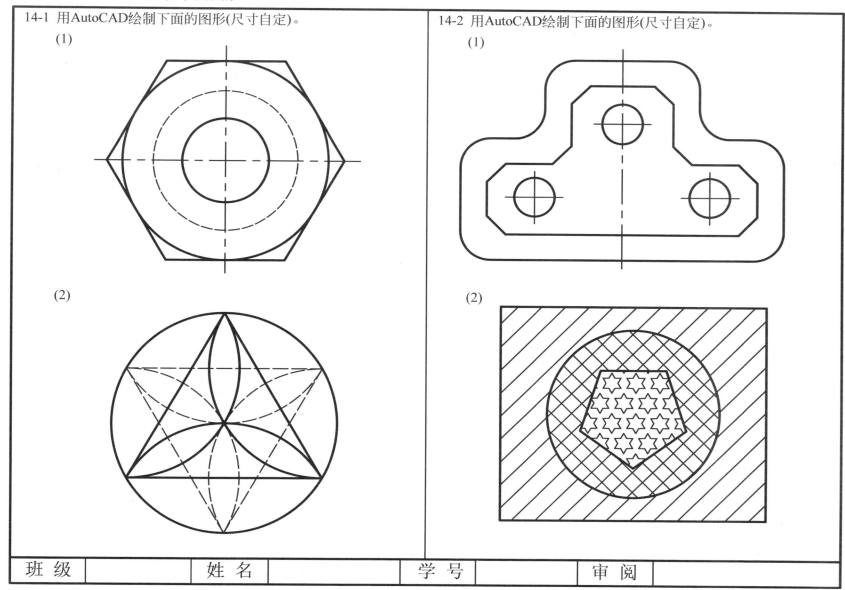

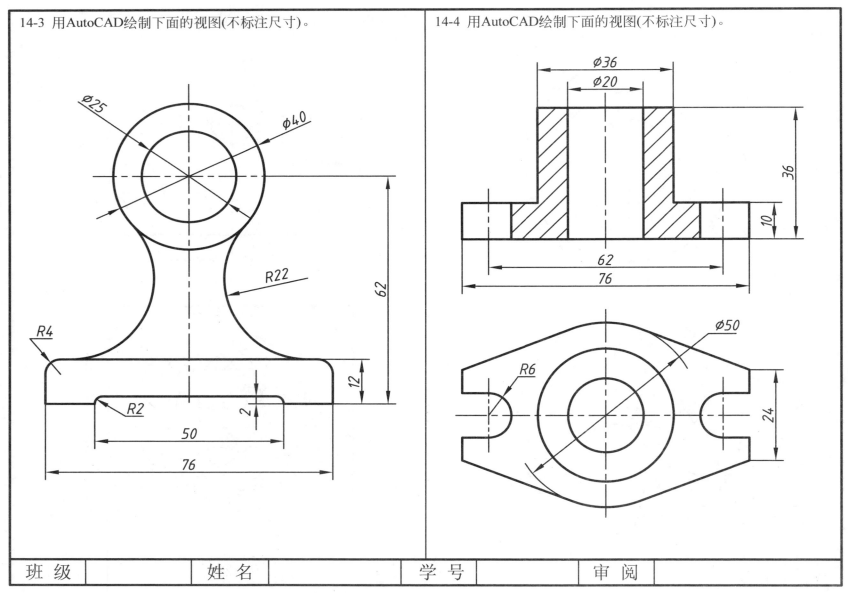

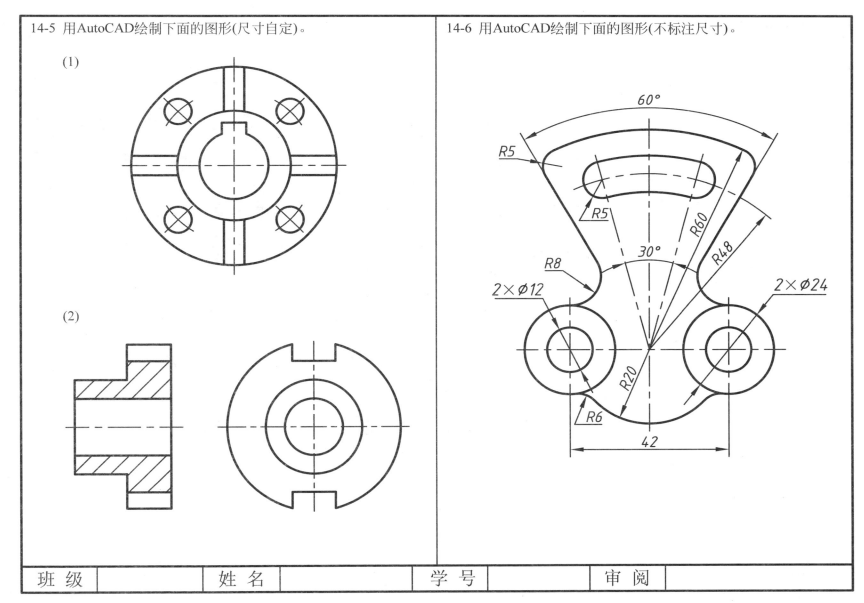

14-7 用AutoCAD绘制下面的零件图(比例1:1)。

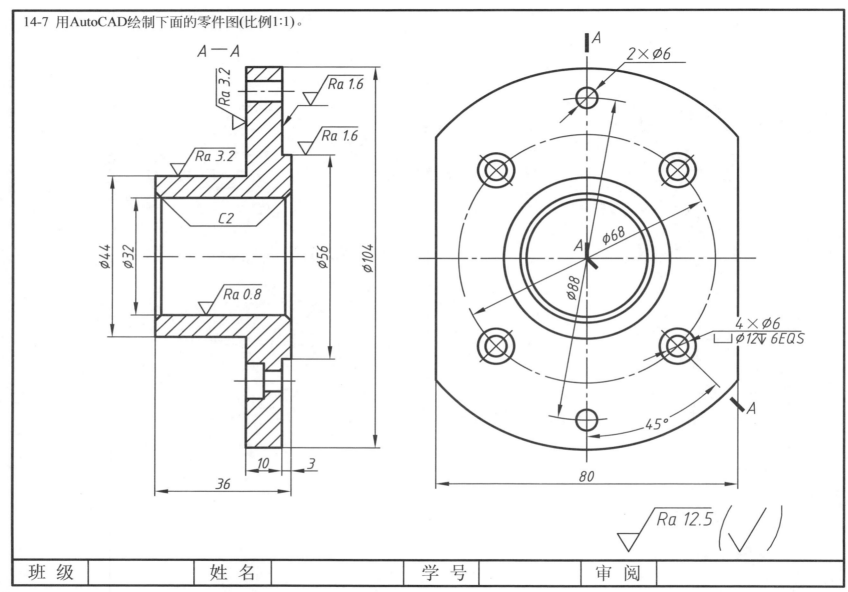

15 SolidWorks构造三维模型

15-1 用SolidWorks构造下图所示物体的三维模型。

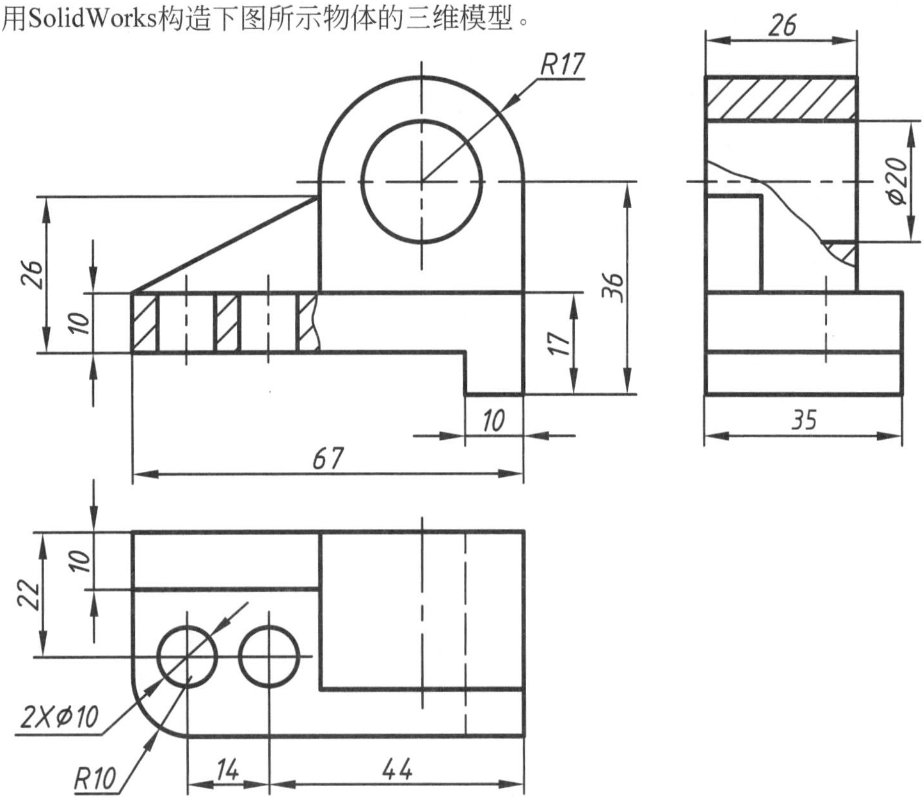

15-2 用SolidWorks构造下图所示物体的三维模型。

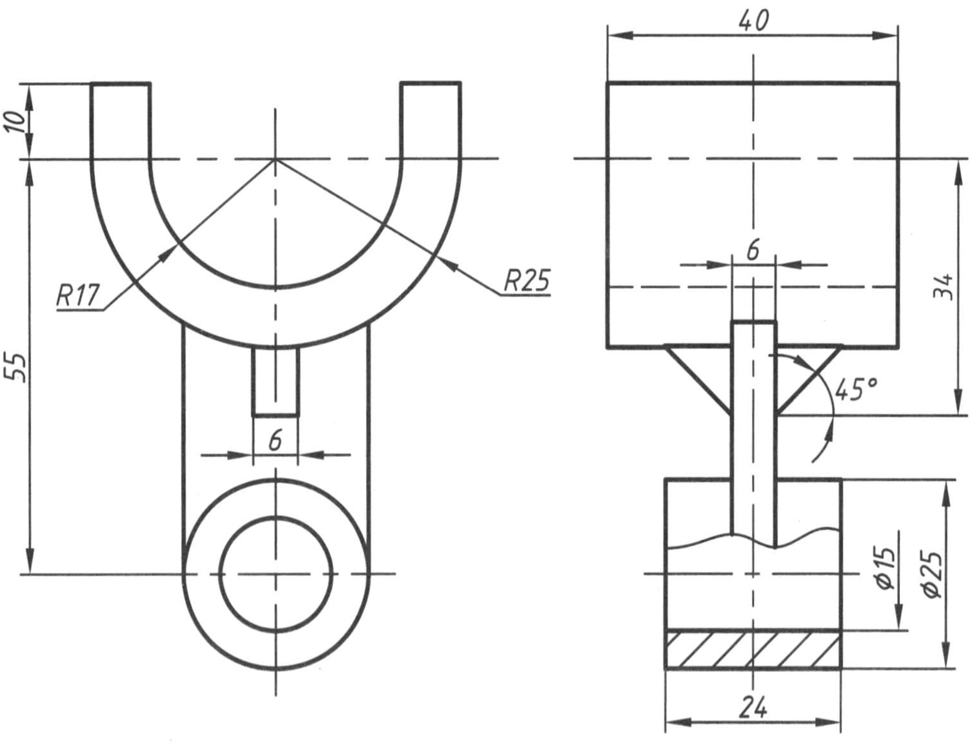

15-3 用SolidWorks构造下图所示物体的三维模型。

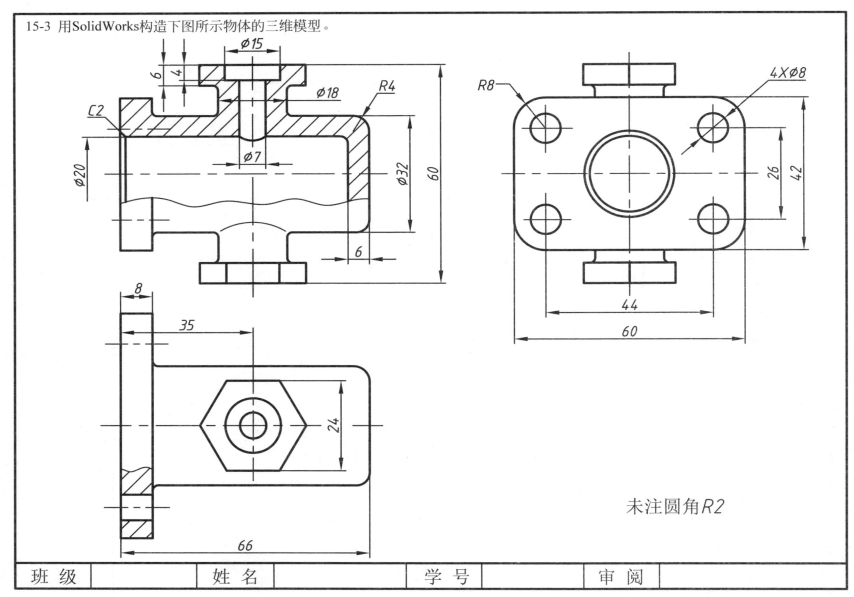

带 "*" 习题的参考答案

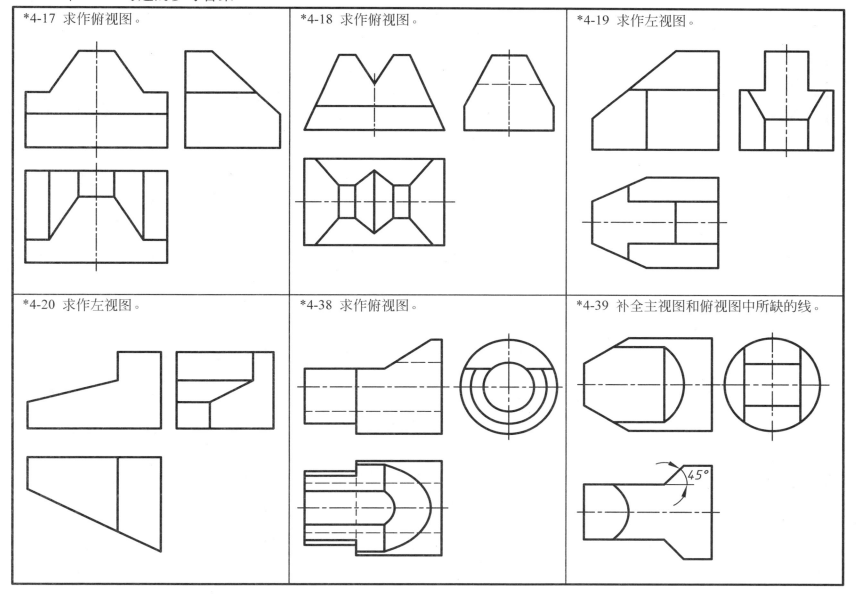

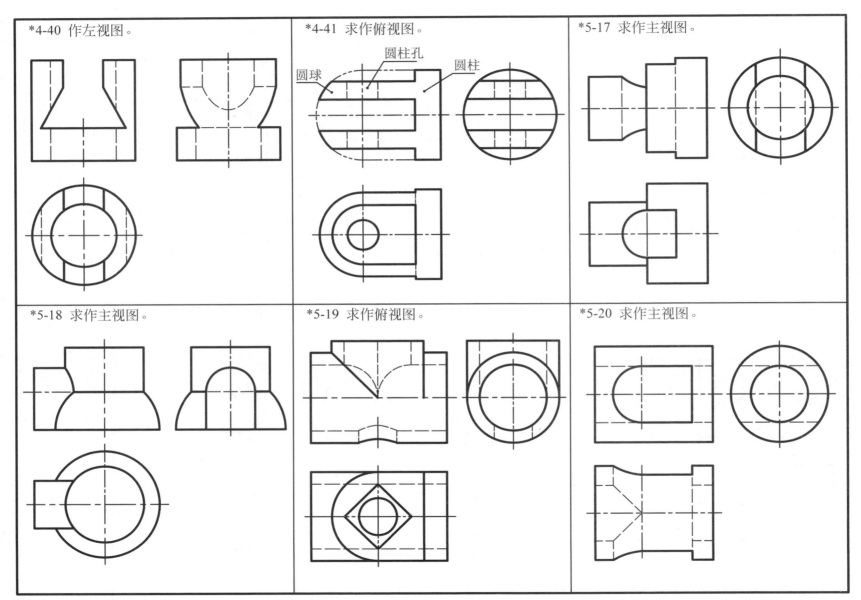

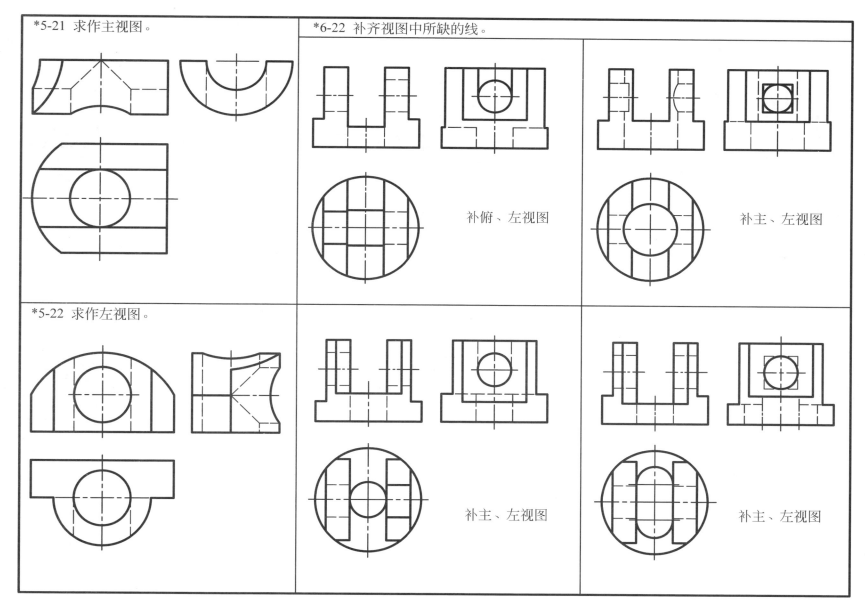

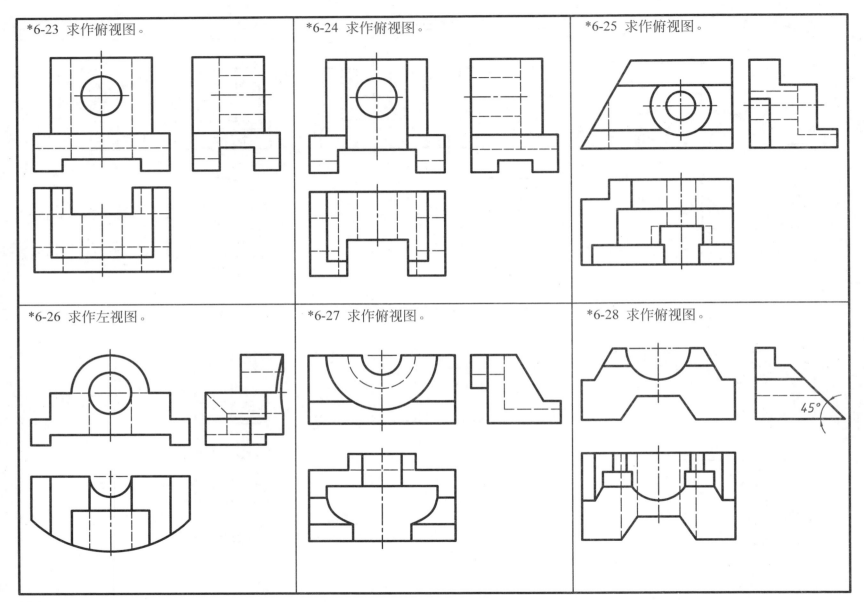

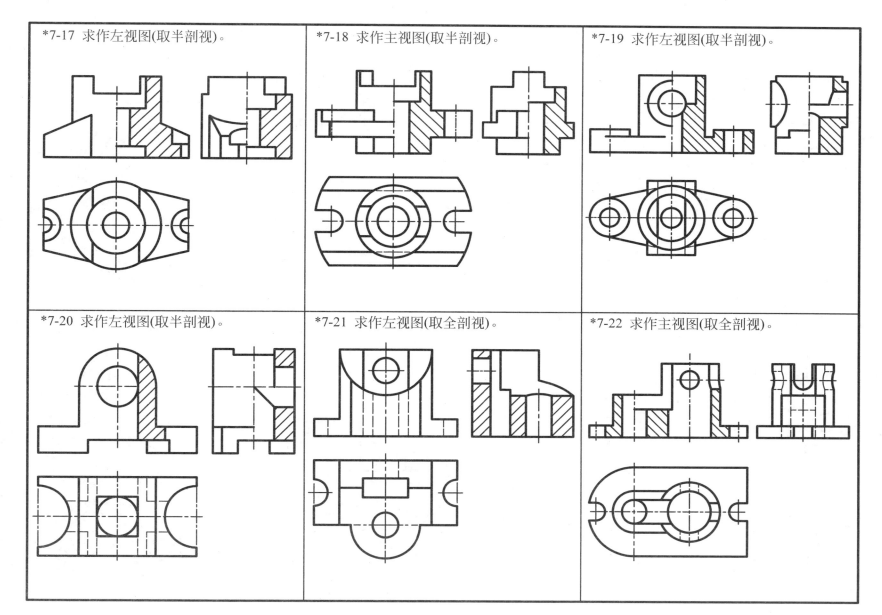

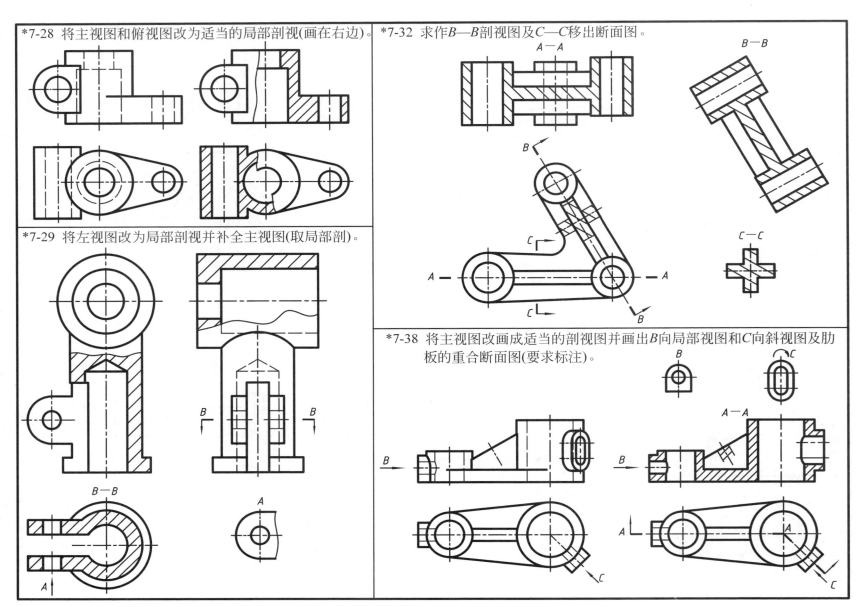